本项目由国家自然科学基金（41975005）资助

热带海域气象要素普适函数分析

梁　翔　田　斌　察　豪　王　石　葛晶晶　曾国栋　于　萍　著

海洋出版社

2020 年·北京

图书在版编目（CIP）数据

热带海域气象要素普适函数分析/梁翔等著. —北京：海洋出版社，2020.7

ISBN 978-7-5210-0607-0

Ⅰ. ①热…　Ⅱ. ①梁…　Ⅲ. ①热带-海洋气象-气象要素-普适计算-函数-分析　Ⅳ. ①P732.1

中国版本图书馆 CIP 数据核字（2020）第 113081 号

责任编辑：鹿　源
责任印制：赵麟苏

海洋出版社　出版发行

http：//www. oceanpress. com. cn

北京市海淀区大慧寺路 8 号　邮编：100081
北京朝阳印刷厂有限责任公司印刷　新华书店北京发行所经销
2020 年 7 月第 1 版　2020 年 7 月第 1 次印刷
开本：787mm×1092mm　1/16　印张：7
字数：150 千字　定价：68.00 元
发行部：62132549　邮购部：68038093
海洋版图书印、装错误可随时退换

目　录

第1章　绪　论 …………………………………………………… (1)

1.1　研究背景及意义 …………………………………………… (1)

1.2　国内外研究发展及现状 …………………………………… (5)

　　1.2.1　蒸发波导研究进展 ………………………………… (5)

　　1.2.2　气象要素普适函数方案研究发展 ………………… (7)

第2章　气象要素普适函数方案理论基础 ………………… (16)

2.1　大气波导理论基础 ………………………………………… (16)

　　2.1.1　大气波导传播 ……………………………………… (16)

　　2.1.2　近地面层莫宁—奥布霍夫相似性理论 …………… (19)

2.2　天气研究和预报模式(WRF)简介 ……………………… (20)

2.3　气象要素普适函数方案的重要性 ……………………… (22)

第3章　现有气象要素普适函数方案分析 ………………… (26)

3.1　气象要素廓线求解方法 …………………………………… (26)

3.2　热带某海域实测 M 廓线计算方案研究 ………………… (28)

3.3　现有气象要素普适函数方案原理 ……………………… (31)

　　3.3.1　BD74 方案 ………………………………………… (33)

　　3.3.2　BH91 方案 ………………………………………… (35)

　　3.3.3　WS2000 方案 ……………………………………… (37)

　　3.3.4　CG05 方案 ………………………………………… (38)

　　3.3.5　AT2005 方案 ……………………………………… (40)

3.4　不同初始条件对各方案的影响 ………………………… (41)

　　3.4.1　风、温、湿的影响 ………………………………… (42)

　　3.4.2　气压的影响 ………………………………………… (51)

第4章 新型气象要素普适函数方案设计 ……………………………… （54）

　4.1　热带某海域现有最优气象要素普适函数方案研究 …………… （54）

　　4.1.1　蒸发波导数值预报设置及方案性能指标 ……………… （54）

　　4.1.2　蒸发波导预报结果及方案适用性分析 ………………… （56）

　4.2　最小二乘支持向量机的回归问题求解原理 …………………… （75）

　　4.2.1　支持向量机求解非线性回归问题的优势 ……………… （75）

　　4.2.2　LS-SVM 求解回归问题的原理 ………………………… （76）

　4.3　新型气象要素普适函数方案设计 ……………………………… （79）

　4.4　思维进化算法对新型气象要素普适函数方案的改进 ………… （82）

　　4.4.1　MEA 优化参数原理 …………………………………… （82）

　　4.4.2　MEA 对新型普适函数方案的改进 …………………… （84）

　4.5　两种新型普适函数方案性能分析 ……………………………… （87）

　　4.5.1　新型方案预报热带某海域蒸发波导的分布特性分析 … （87）

　　4.5.2　新型方案预报 EDH 准确性分析 ……………………… （92）

第5章 新型气象要素普适函数方案性能验证 ……………………… （96）

　5.1　中尺度气象模拟系统 …………………………………………… （96）

　5.2　新型气象要素普适函数方案与 WS2000 方案的比较验证 … （101）

第1章 绪 论

1.1 研究背景及意义

蒸发波导是一种海上低空大气波导（厚度一般为几十米），一定频率的电磁波能够以很低的损耗沿波导区域向前传播，使设备突破地球曲率的限制，探测距离或通信距离大大增加，故准确预报蒸发波导对提升雷达、通信等电子设备的工作性能意义重大。目前蒸发波导数值预报性能的研究是海内外的研究热点，而气象要素普适函数方案是影响其性能的关键因素。

季风环流、热带气旋等因素使得热带海域的海-气作用具有特殊的性质，因此本书针对现有普适函数预报准确率不高的现状，研究适用于热带某海域的新型气象要素普适函数方案。

本节使用气象梯度仪实测数据和欧洲中期天气预报中心（European Centre for Medium-Range Weather Forecasts，ECMWF）再分析气象数据分析热带某海域蒸发波导概况。选取热带某海域某气象梯度仪于某年 2—12 月实测的气象数据，计算修正折射率廓线（Modified Refractive Index Profile，又称 M 廓线）及蒸发波导高度（Evaporation Duct Height，EDH），结果表明选取的 732 组数据中有 632 组数据发生蒸发波导现象，在不同月份的发生概率如图 1.1 所示，全年发生概率约为 86.34%，全年平均波导高度约为 15.5 m，因此蒸发波导在热带某海域出现的频次高。

ECMWF ERA-Interim 再分析数据集提供 1979 年至今的大气再分析数据，每天 4 个时次（0 时、6 时、12 时、18 时，UTC 时间）并实时更新，提供全球数值天气预报和其他数据，能够集成生成描述天气现象发生可能

1

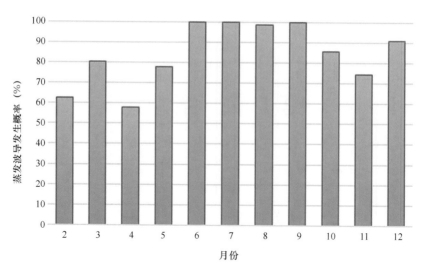

图 1.1　某年 2—12 月热带某海域蒸发波导发生概率

性及范围的分析和预测，Von Engeln、田斌等人验证了利用 ECMWF 再分析数据分析波导分布的可行性[1-2]。本书利用某年全年的水平分辨率为 0.125°×0.125° 的 ECMWF 再分析气象数据结合 PJ 模型进行计算，得到热带某海域不同月份的 *EDH* 分布情况，如图 1.2 所示。由图可知，同一纬度不同经度、同一经度不同纬度及不同月份的蒸发波导都会存在程度不同的差别，显然蒸发波导并不是传统认为的均匀分布，而是存在显著的时间和空间上的非均匀特性。此外，受环境条件影响形成的大气湍流也会存在于低空大气波导中，并可以造成大气修正折射率随机变化的混沌现象，进而会造成在低空大气波导中传播的电磁能量泄露和电波传播损耗的随机起伏，使雷达等电子设备性能发生变化。因此，准确预测蒸发波导的分布情况是亟待解决的问题。

目前波导分析技术主要有三种方法：一是以低层气象要素实测数据为基础的模型诊断技术；二是以工作在波导条件下的雷达、激光等信号为基础的反演技术；三是中尺度数值天气预报技术。这三种方法中，中尺度数值天气预报能够模拟实际环境，对准确分析大气现象和预测未来趋势有较大优势，代表性的天气研究和预测模式（Weather Research and Forecasting Model，WRF）不仅适用于真实环境模拟，也能满足理想过程的研究需要，因此本书采用 WRF 模式中适用于区域模拟预报的 WRF 高级研究

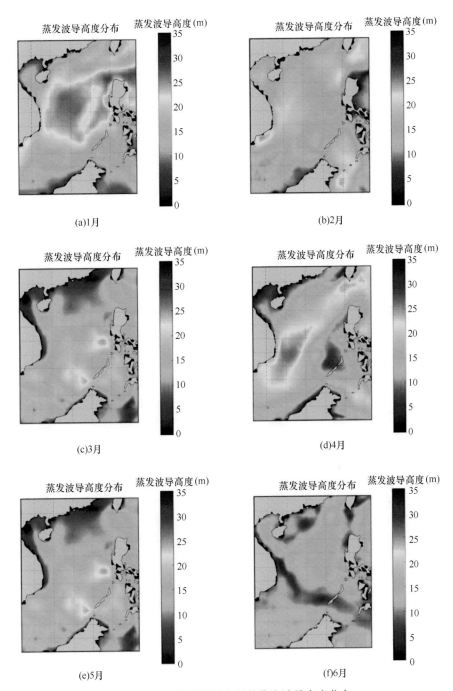

图 1.2　某年热带某海域各月份蒸发波导高度分布

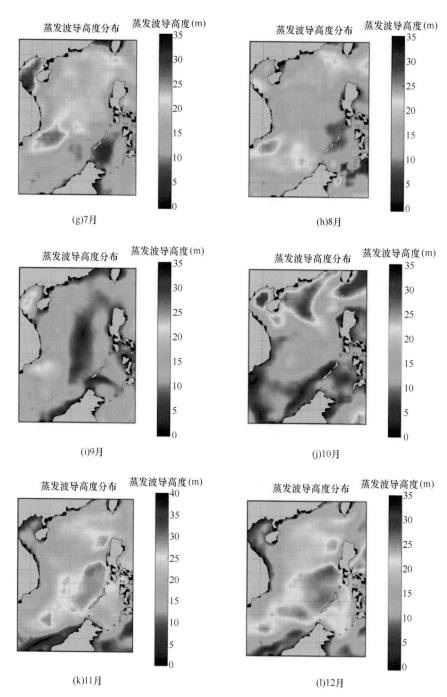

图 1.2 某年热带某海域各月份蒸发波导高度分布（续）

（Advanced Research WRF，ARW）对热带某海域蒸发波导展开研究。

利用 WRF-ARW 模式预报蒸发波导的基本思路如图 1.3。WRF-ARW 主程序处理全球同化网格数据，输出不同高度的气象要素预报值，由实测数据分析可知，热带某海域某年 EDH 平均值为 15.5 m，而 WRF-ARW 模式主程序输出结果高度过低容易造成预测过程不收敛，导致可信度降低，因此要由气象要素普适函数方案处理稀疏的低层预报值，输出高分辨率的低层气象要素值，最后计算 M 廓线和 EDH。因此，选取合适的普适函数方案对提高蒸发波导数值预报准确率十分重要，但目前对于普适函数方案选取的研究较少，导致预报精度不足，不利于充分利用蒸发波导传播，影响设备性能。

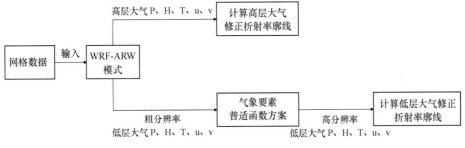

图 1.3　WRF-ARW 模式预报蒸发波导示意图

为此，本书主要研究适用于热带某海域特殊的海-气环境的新型气象要素普适函数方案，分析不同普适函数方案，并设计新型普适函数方案，最终通过实测数据对比不同普适函数方案的性能，得出最适用于热带某海域蒸发波导数值预报的方案，从而提高数值预报性能，这对提升设备工作性能具有重要意义。

1.2　国内外研究发展及现状

1.2.1　蒸发波导研究进展

1943 年，Katzin 等人在研究海岸与船之间的无线电传播特性时，观测到了异常的折射现象，从而发现了低空大气波导现象[3]，随后美国学者在对沿岸大气折射率特性的研究中确认了大气波导的存在[4]。国外学者对大气波导的特殊结构和其对电磁波传播的影响开展了大量研究，由于海洋的战略意义，蒸发波导的特性及预报成为研究重点。20 世纪 50 年代，美国海军在多个地点开展了测量，分析了大气波导的空间分布特点，并研究了气象要素条件改变对大气波导的影响；20 世纪 60 年代，美国国家航海电子中心等机构在全球范围内对蒸发波导展开了广泛测量，获得了大量实测数据[5]；我国学者使用船测数据、探空站数据、气象站数据等也对大气波导开展了很多研究[6-10]。这些测量主要是通过折射率仪直接测量大气折射率，或通过平台搭载气象传感器，由测得的气象数据和公式间接求出大气波导分布情况。这些方法丰富了人们对大气波导领域的认知，但由于平台、传感器等的高度限制，对波导的垂直分布研究较为粗略，且无法预报蒸发波导。

目前蒸发波导的预报手段主要依靠蒸发波导预报模型和中尺度数值天气预报，这些模型和数值预报系统都是在长期研究中形成的。在预报模型方面，20 世纪 70 年代至今，国内外学者基于大气边界层的基本理论提出了很多预报模型，如 Jeske 提出的基于莫宁—奥布霍夫相似性理论的 Jeske 模型，已知某一高度处的基本气象要素数据，即可预测蒸发波导高度及修正折射率廓线[11]；Paulus 等人对 Jeske 模型修正得到了 P-J 模型，此模型被引入了 AREPS 等电磁波传播评估软件[12]；另一个被广泛使用的预报模型是 A 模型（也称 Babin 模型），20 世纪末，Babin 等学者将当时最先进的边界层理论引入气象要素的计算，分情况计算不同稳定度条件下的气象要素数值，实现了对 EDH 的预测[13]。在预报模型方面国内也有较多成果。我国学者刘成国等人在 2001 年提出了伪折射率模型，并验证了其在我国海域良好的预报性能[14]；2007 年，李云波、张永刚等人将海气通量算法与 MOST 结合，提出了 FLUX 预报模型，并验证了其在平潭岛的适用性；戴福山等人对 A 模型进行修正，提出了 NEW 模型[15]，并由丁菊丽验证了其有效性[16]；海军工程大学田斌等学者分析了 P-J 模型、A 模型、MGB 模型等在不同海域的适用性，并统计分析了各海域的波导特点[17-21]，丁菊丽等人还考虑了非线性普适函数方案，提出了 UED 模型[22-23]，为后续研究提供了有力支撑。

1904 年，Bjerknes 首次提出数值预报的概念。数值预报是依靠大气运动基本规律和大型计算机的高性能，来预测未来的天气走向和气象要素的方法，但当时大气理论的不完备和计算机计算能力的局限使这一方法处于理论阶段。随着大气理论的不断完善和计算机计算能力的爆炸式增长，数值预报成为现实。目前应用于蒸发波导预报领域的主要为中尺度数值预报模式，包括美国研发的 MM4 模式、MM5 模式、WRF 模式及我国研发的 GRAPES 模式等。20 世纪 90 年代，Burk 和 Thomapson 使用美国海军的 NORAPS 数值预报系统验证了中尺度数值预报应用于大气波导研究的可行性，该系统能够预报波导的基本分布，但在数值准确率方面不能满足要求[24]；21 世纪初，Atkinson 等人使用 MM5 模式预报了波斯湾区域的大气波导，但其数值仍不够准确[25]；2003 年，Adhikariden 等人提供了更多的大气环境初态条件，增加了 MM5 模式的输入，从而提高了其对波导的预报准确率[26]。之后也有大批学者利用中尺度数值预报模式分析大气波导的时空特征，并取得了很多成果[27-30]。

对于数值预报在蒸发波导方面的研究国内开始较晚，但成果较为丰富[31-32]。陈莉等人利用 MM5 模式，模拟并计算了 2007 年一年间我国近海蒸发波导分布的时空特征及波导高度数值[33]；2008 年，胡晓华等人采用 ARPS 模式，分析了输入数值模式的初态对大气波导预报结果的影响[34]；随后焦林和张永刚将张强等人提出的普适函数方案引入 MM5 模式，再结合蒸发波导 A 模型，扩大了蒸发波导数值预报的适用范围[35]；2010 年，王振会等人采用 WRF 模式模拟了我国中部区域的一次大气波导过程，通过与气象站实测数据温度、相对湿度及 M 廓线的对比，证明了 WRF 模式在预报波导方面的优越性[36]；2017 年，张鹏等人对比了我国几大海域中 MM5 模式预报结果与船测值，发现两者的趋势基本一致，但预测值偏大[37]。

综上，国内关于蒸发波导数值预报的研究主要集中于现有数值预报模式在不同海域的适用性，对于提高数值预报模式准确性的研究较少，但现有研究都反映出预报趋势准确、精度不足的问题，而准确性是衡量一次预报好坏的关键，因此开展这方面的研究很有必要。

1.2.2 气象要素普适函数方案研究发展

20 世纪初 Taylor 定义了大气湍流概念，之后学者们对大气湍流展开了广泛研究并在 20 世纪中期形成了经典的理论体系[38]。近地层也被称为贴地面层,是大气边界层离地面最近的区域,一般层顶高度为 20～100 m。在近地层中,垂直方向的大气湍流运动占绝对主导地位,因此这一气层中风速等基本气象要素随高度变化显著,而动量等通量近似不变。1954 年,Monin 和 Obukhov 提出了莫宁—奥布霍夫相似性理论[39],定义了奥布霍夫长度 L 及气象要素普适函数的基本形式,此后国内外学者以此为基础,通过大量的实测研究和理论分析提出了不同条件下的气象要素普适函数方案。

20 世纪 70—80 年代,Webb、Dyer、Businger、Hogstrom 等人,利用大量观测数据对平均风速、位温的普适函数方案及 von Karman 常数 κ 展开了研究。他们认为在中性或稳定条件下,平均风速和位温的普适函数 φ_m、φ_h 与无量纲化稳定因子 ζ 满足一阶线性关系;而不稳定条件下,他们通过理论推导和实测验证得出的普适函数方案形式为 ζ 一阶线性方程的指数函数,且 φ_m 的指数取 $-1/4$,φ_h 的指数取 $-1/2$ [40-44]。由于水汽通量测量不便,根据实测数值,通常假设比湿的普适函数与位温的一致。在这些实验结果中,目前最得到学界认可的是基于堪萨斯实验的 Businger-Dyer 普适函数方案(BD74 方案),这种方案应用极为广泛,但是对于 ζ 有一定限制,一般适用于 $|\zeta| \leqslant 1$。1976 年,Hicks 在对风速通量廓线的研究中发现当稳定度较大时,BD74 方案得到的预报结果与实际不符[45],随后 Louis、Holtslag 等人证实了 BD74 方案这一类普适函数方案不适用于 $\zeta > 1$ 的稳定层结[46-47]。

Holtslag 和 DeBruin 在 1988 年设计了适用于 $\zeta > 1$ 条件下的气象要素普适函数方案,被称为 HDB88 方案[48];随后 Beljaars 和 Holtslag 在研究大气模型在陆地表面的通量参数化方案时,以 Cabauw 大气遥感试验站的实测数据及 MESOGERS-84 实验的实验数据为基础,设计了非线性普适函数方案——BH91 方案[49],对 HDB88 方案进行了完善,这一方案已被引入蒸发波导 NPS 模型[50] 和 FE 模型[51];2005 年,Cheng 和 Brutsaert 又根据实测数据提出了 CB05 方案[52],其在 $\zeta \geqslant 0$ 的各个区间里都取得了较好的预测结果。

不稳定层结的普适函数方案也在不断发展。当 $(-\zeta) \to \infty$ 时,大气很不稳定，处于自由对流状态，BD74 方案不再适用。20 世纪 80 年代至今，Carl 等人根据量纲分析得出在此状态下气象要素普适函数方案仍为指数形式，但指数均应取 $-1/3$[53]。为了得到适用于整个不稳定条件下的普适函数方案，1996 年，Fairall 等人对 BD74 方案和 Carl 等人提出的对流方案的积分进行插值，得出了新型普适函数方案[54]。BD74 方案 φ_{Kx} 和 Carl 等人提出的对流方案 φ_{Cx} 的积分如下所示：

$$\psi_{Kx, Cx}(\zeta) = \int_0^\zeta \frac{1 - \varphi_{Kx, Cx}(\zeta)}{\zeta} \mathrm{d}\zeta \qquad (1.1)$$

新型普适函数方案为：

$$\psi_x(\zeta) = \frac{\psi_{Kx}(\zeta) + \zeta^2 \psi_{Cx}(\zeta)}{1 + \zeta^2} \qquad (1.2)$$

2000 年 Grachev 等人基于此形式得到了自由对流条件下的气象要素普适函数方案[55]，2003 年 Fairall 等人确定了普适函数方案中的经验常数，得到了最新的 COARE 3.0 算法[56]，随后 Edson 等人通过实测数据确定了一组新的系数，也得到了较好的预报效果[57]。为了减少函数方案对流部分形状对近中性稳定区的影响，Akylas 和 Tombrou 直接对 φ_{Kx} 和 φ_{Cx} 进行插值，设计了 AT2005 方案，其函数形式如下[58]：

$$\varphi_x(\zeta) = \frac{c^2 \varphi_{Kx}(\zeta) + \zeta^2 \varphi_{Cx}(\zeta)}{c^2 + \zeta^2} \qquad (1.3)$$

2000 年 Wilson 仿照大气中其他的统计量提出了不稳定条件下新型的气象要素普适函数方案，基本形式为 $\varphi_x = (1 + \gamma |\zeta|^{2/3})^{-1/2}$，其中 φ_x 指 φ_m 或 φ_h[59]。

国内对气象要素普适函数方案的研究起步较晚，更加聚焦于讨论现有方案的适用条件和验证方案的有效性。苏从先等在 20 世纪五六十年代讨论并确立了气象要素普适函数方案[60-61]，与国外较为同步；1987 年，张翼利用麦田上方测量的梯度数据，检验了稳定条件下 Webb、Businger、Yamamoto 及 Lettau 提出的普适函数方案的适用性，结果表明不同条件下这 4 种方案的适用性情况有所改变，因此必须根据实际条件选择最佳方案[62]；1990 年吴祖常等人利用铁塔数据，验证了基于 Dyer 提出的普适函数方案计算风温湿廓线方程的有效性[63]；1991 年，刘树华等人在 ζ 不同取值下，分析了 9 种普适函数方案在麦田和开阔地带的适用性，也为后续引入普适函数方案、处理观测数据提供了一种通用方法[64]；1992 年，李兴生等以 Wangara 试验数据为基础，基于局地相似理论提出了新型风、温普适函数方案[65]；1995 年孙卫国和刘树华基于 BD-74 方案的函数形式，使用麦田实测梯度数据确定了适用于农田种植区的风、温普适函数方案的经验常数[66]；同年张强和胡隐樵讨论了位温、比湿普适函数的一致性问题，在有稳定大气引起热传输的潮湿地表，对 BD74 方案进行了修正[67]；进入 21 世纪，国内普适函数方案研究也有了新进展[68]。2007 年，Guo 和 Zhang 在强稳定条件下比较了 HDB88、BH91 和 CB05 方案，并根据实验结果为今后的普适函数方案研究提出了建议[69]；2011 年，丁菊丽等人将非线性普适函数方案引入蒸发波导 A 模型，提高了 $\zeta > 1$ 条件下的模型预报能力[70]；2012 年，Zhao 等人利用南海沿海地区的海洋气象台实测数据，分析了不稳定条件下各种普适函数方案的适用性，并确定了 AT2005 方案的经验常数[71]。

综上可知，普适函数方案能够较为准确地求解近地层内的气象要素数值，但受稳定度及其他因素影响，其适用性有一定局限，不同区域、不同时间、不同方案的结果可能不一致，因此依据实际情况，研究适用于热带某海域蒸发波导数值预报的普适函数方案是很有必要的。

参考文献

[1] Von Engeln A, Nedoluha G, Teixeira J. An analysis of the frequency and distribution of ducting events in simulated radio occultation measurements based on ECMWF fields [J]. Journal of Geophysics Research, 2003, 108（D21）：ACL3-1-ACL3-12.

[2] 田斌, 崔萌达, 任席闯, 等. 亚丁湾蒸发波导季节变化对电波传播的影响 [J]. 哈尔滨工程大学学报, 2018, 39（12）：2054-2063.

[3] Katzin M, Bauchman R W, Binnian W. 3- and 9-Centimeter Propagation in Low Ocean Ducts [J]. Proceedings of the IRE, 1947, 35（9）：891-905.

[4] Paulus R A. VOCAR：an experiment in variability of coastal atmospheric refractivity [C]. Geoscience and Remote Sensing Symposium, 1994. IGARSS ′94. Surface and Atmospheric Remote Sensing：Technologies, Data Analysis and Interpretation. International. IEEE, 1994.

[5] Ivanov V K, Shalyapin V N, Levadnyi Y V. Determination of the evaporation duct height from standard meteorological data [J]. Izvestiya, Atmospheric and Oceanic Physics, 2007, 43 (1): 36-44.

[6] 姚展予，赵柏林，李万彪，等．大气波导特征分析及其对电磁波传播的影响 [J]．气象学报，2000 (05): 605-616.

[7] 蔺发军，刘成国，潘中伟．近海面大气波导探测及与其他研究结果的比较 [J]．电波科学学报，2002 (03): 269-272+281.

[8] 刘成国，黄际英，江长荫．东南沿海对流层大气波导结构的出现规律 [J]．电波科学学报，2002 (05): 509-513.

[9] 成印河，周生启，王东晓．海上大气波导研究进展 [J]．地球科学进展，2013, 28 (03): 318-326.

[10] 成印河，周生启，王东晓，等．夏季风暴发对南海南北部低空大气波导的影响 [J]．热带海洋学报，2013, 32 (03): 1-8.

[11] Jeske H. State and Limits of Prediction Methods of Radar Wave Propagation Conditions Over Sea [M]. Modern Topics in Microwave Propagation and Air－Sea Interaction. Springer Netherlands, 1973.

[12] Paulus R A. Practical application of an evaporation duct model [J]. Radio Science, 1985, 20 (4): 887-896.

[13] Babin S M, Young G S, Carton J A. A New Model of the Oceanic Evaporation Duct [J]. Journal of Applied Meteorology, 1997, 36 (3): 193-204.

[14] 刘成国，黄际英，江长荫，等．用伪折射率和相似理论计算海上蒸发波导剖面 [J]．电子学报，2001 (07): 970-972.

[15] 戴福山，李群，董双林，等．大气波导及其军事应用 [M]．北京：中国人民解放军出版社，2003: 224-240.

[16] 丁菊丽．海上大气波导环境特性分析与数值模拟研究 [D]．南京：解放军理工大学，2011.

[17] 田斌，察豪，李杰，等．PJ模型和伪折射率模型特性对比 [J]．华中科技大学学报（自然科学版），2009, 37 (09): 29-32.

[18] 田斌，察豪，张玉生，等．蒸发波导A模型在我国海区的适应性研究 [J]．电波科学学报，2009, 24 (03): 556-561.

[19] 田斌，孔大伟，周沫，等．蒸发波导迭代MGB模型适用性研究 [J]．电波科学学报，2013, 28 (03): 590-594, 599.

[20] 田斌，王石，察豪，等．蒸发波导A模型核心函数研究 [J]．海军工程大学学报，2014, 26 (04): 23-26.

［21］ 田斌，葛义军，李晖宙，等．西印度洋峡湾海区蒸发波导对电磁波传播影响研究
［J］．工程科学与技术，2017，49（04）：104-110.

［22］ DING Ju-li, FEI Jian-fang, HUANG Xiao-gang, et al. Development and Validation of
an Evaporation Duct Model. Part Ⅰ: Model Establishment and Sensitivity Experiments
［J］. Journal of Meteorological Research, 2015, 29（03）: 467-481.

［23］ DING Ju-li, FEI Jian-fang, HUANG Xiao-gang, et al. Development and Validation of
an Evaporation Duct Model. Part Ⅱ: Evaluation and Improvement of Stability Functions
［J］. Journal of Meteorological Research, 2015, 29（03）: 482-495.

［24］ Burk S D, Thomapson W T. A vertically nested regional numerical weather prediction
model with second-order closure physics［J］. Monthly Weather Review, 1989, 117: 2
305-2 324.

［25］ Atkinson B W, Li J G, Plant R S. Numerical modeling of the propagation environment
in the atmospheric boundary layer over the Persian Gulf［J］. Journal of Applied Meteorol-
ogy, 2001, 40（3）: 586-603.

［26］ Adhikariden N P, Wetzel M A, Koracin D R, et al. Analysis and prediction of micro-
wave refractivity profiles in nocturnal marine cloud layers［C］. Proceedings of the 5th
Conference on Coastal Atmospheric and Oceanic Prediction and Processes. Seattle, WA,
2003: 141-146.

［27］ Matthew E K. Forecasting the Nighttime Evolution of Radio Wave Ducting in Complex
Terrain Using the MM5 Numerical Weather Model［D］. Park: The Pennsylvania State
University, 2003.

［28］ Isaakidis S A, Dimou L N, Xenos T D, et al. An artificial neural network predictor for
tropospheric surface duct phenomena［J］. Nonline Processes Geophysics, 2007, 14:
569-573.

［29］ Axel V E, Teixeira J. A ducting climatology derived from ECMWF global analysis fields
［J］. Journal of Geophysics Research, 2004, 109（D18）: 1-18.

［30］ Zhu M, Atkinson B W. Simulated climatology of atmospheric ducts over the Persian Gulf
［J］. Boundary-Layer Meteorology, 2005, 115: 433-452.

［31］ 黄彬，阎丽凤，杨超，等．我国海洋气象数值预报业务发展与思考［J］．气象科技
进展，2014，4（03）：57-61.

［32］ 田斌．海上蒸发波导模型研究［D］．武汉：海军工程大学，2010.

［33］ 陈莉，高山红，康士峰，等．中国近海蒸发波导的数值模拟与预报研究［J］．中国
海洋大学学报（自然科学版），2011，41（Z1）：1-8.

［34］ 胡晓华，费建芳，张翔，等．一次大气波导过程的数值模拟［J］．气象科学，2008

（03）：294-300.

[35] 焦林, 张永刚. 基于中尺度模式 MM5 下的海洋蒸发波导预报研究 [J]. 气象学报, 2009, 67 (03)：382-387.

[36] 王振会, 王喆, 康士峰, 等. 利用 WRF 模式对大气波导的数值模拟研究 [J]. 电波科学学报, 2010, 25 (05)：913-919+1019.

[37] 张鹏, 张守宝, 张利军, 等. 区域海面蒸发波导预报与监测试验对比分析 [J]. 电波科学学报, 2017, 32 (02)：215-220.

[38] Taylor G I. EDDY MOTION IN THE ATMOSPHERE [J]. Philosophical Transactions of the Royal Society of London, 1915, 215 (215)：1-26.

[39] Monin A S, Obukhov A M. Osnovnye zakonomernosti turbulentnogo peremeshivanija v prizemnom sloe atmosfery (Basic Laws of Turbulent Mixing in the Atmosphere Near the Ground) [J]. Doki Akad Nauk Sssr, 1954, 151：1963-1987.

[40] Webb E K. Profile relationships: the log-linear range, and extension to strong stability [J]. Quarterly Journal of the Royal Meteorological Society, 1970, vol. 96, no. 407, pp. 67-90.

[41] Dyer A J. The flux - gradient relation for turbulent heat transfer in the lower atmosphere [J]. Quarterly Journal of the Royal Meteorological Society, 1965, vol. 91, pp. 151-157.

[42] Businger J A, Wyngaard J C, Izumi Y, et al. Flux-profile relationships in the atmospheric surface layer [J]. Journal of the Atmospheric Sciences, 1971, vol. 28, no. 2, pp. 181-189.

[43] Dyer A J. A review of flux-profile relationships [J]. Boundary-Layer Meteorology, 1974, vol. 7, no. 3, pp. 363-372.

[44] Hogstrom U. Non-dimensional wind and temperature profiles in the atmospheric surface layer: a re-evaluation [J]. Boundary-Layer Meteorology, 1988, vol. 42, no. 1, pp. 55-78.

[45] Hicks B B. Wind profile relationships from the 'Wangara' experiment [J]. Quarterly Journal of the Royal Meteorological Society, 1976, 102 (433)：535-551.

[46] Louis J F. A parametric model of vertical eddy fluxes in the atmosphere [J]. Boundary-Layer Meteorology, 1979, 17 (2)：187-202.

[47] Holtslag AAM. Estimates of diabatic wind speed profiles from near-surface weather observations [J]. Boundary-Layer Meteorology, 1984, 29 (3)：225-250.

[48] Holtslag AAM, DeBruin HAR. Applied modeling of the nighttime surface energy balance over land [J]. J Appl Meteorol, 1988, 27：689-687.

［49］　Beljaars ACM, Holtslag AAM. Flux parameterization over land surfaces for atmospheric models ［J］. J Appl Meteorol, 1991, 30: 327-341.

［50］　Frederickson P A, Davidson K L, Goroch A K. Operational bulk evaporation duct model for MORIAH, Version 1.2 ［M］. Naval Postgraduate School, 2000, CA 93943-5114.

［51］　李云波, 张永刚, 唐海川, 等. 海气通量算法在海上蒸发波导诊断中的应用 ［J］. 海洋技术, 2008, 27 (1): 106-110.

［52］　Cheng Y G, Brutsaert W. Flux-profile relationships for wind speed and temperature in the stable atmospheric boundary layer ［J］. Bound-Layer Meteorol, 2005, 114: 519-538.

［53］　Carl DM, Tarbell TC, Panofsky HA. Profiles of Wind and temperature from towers over homogeneous terrain ［J］. J Atmos Sci, 1973, 30 (5): 788-794.

［54］　Fairall CW, Bradley EF, Rogers DP, et al. Young GS. Bulk parameterization of air-sea fluxes for Tropical Ocean-Global Atmosphere Coupled-Ocean Atmosphere Response Experiment ［J］. J Geophys Res, 1996, 101 (c2): 3747-3764.

［55］　Grachev AA, FairallCW, Bradley EF. Convective profile constants revisited ［J］. Boundary-Layer Meteorol, 2000, 94 (3): 495-515.

［56］　Fairall CW, Bradley EF, Hare JE, et al. Bulk parameterization of air-sea fluxes: Updates and verification for the COARE algorithm ［J］. J Clim, 2003, 16 (4): 571-591.

［57］　Edson JB, Zappa CJ, Ware JA, et al. Hare JE. Scalar flux profile relationships over the open ocean. J Geophys Res, 2004, 109: C08S09.

［58］　Akylas E, Tombrou M. Interpolation between Businger-Dyer Formulae and Free Convection Forms: A Revised Approach ［J］. Boundary-Layer Meteorology, 2005, 115 (3): 381-398.

［59］　Wilson D K. An Alternative Function For The Wind And Temperature Gradients In Unstable Surface Layers ［J］. Boundary-Layer Meteorology, 2001, 99 (1): 151-158.

［60］　苏从先. 关于大气层结中近地层湍流交换的基本规律 ［J］. 气象学报, 1959, 30 (1): 114-118.

［61］　苏从先. 关于大气层结对于近地面层中湍流交换的影响问题 ［J］. 气象学报, 1963 (04): 435-448.

［62］　张翼. 近地面稳定大气层结中通量-廓线模式的适用性 ［J］. 科学通报, 1987 (01): 52-55.

［63］　吴祖常, 黄文娟, 扬选利. 计算近地层湍流通量的平均廓线方法 ［J］. 科技通报, 1990 (03): 125-129.

［64］　刘树华, 张霭琛, 陈重, 等. 近地面层中通量廓线关系的适用性研究 ［J］. 北京大

学学报（自然科学版），1991（01）：89-98.

[65] 李兴生，付秀华，贡辉军. 大气边界层廓线的相似律预告 [J]. 应用气象学报，1992（F1）：41-51.

[66] 孙卫国，刘树华. 农田植被层上通量-廓线关系的研究 [J]. 南京气象学院学报，1995（03）：404-409.

[67] 张强，胡隐樵. 热平流影响下湿润地表的通量-廓线关系 [J]. 大气科学，1995（01）：8-20.

[68] 胡艳冰，高志球，沙文钰，等. 六种近地层湍流动量输送系数计算方案对比分析 [J]. 应用气象学报，2007（03）：407-411.

[69] Guo X, Zhang H . A performance comparison between nonlinear similarity functions in bulk parameterization for very stable conditions [J]. Environmental Fluid Mechanics，2007, 7 (3)：239-257.

[70] 丁菊丽，费建芳，黄小刚，等. 稳定层结条件下非线性相似函数对蒸发波导模型的改进 [J]. 热带气象学报，2011, 27（03）：410-416.

[71] Zhao Z, Gao Z, Li D, et al. Scalar Flux-Gradient Relationships Under Unstable Conditions over Water in Coastal Regions [J]. Boundary-Layer Meteorology，2013, 148 (3)：495-516.

第2章 气象要素普适函数方案
理论基础

当雷达等设备的电磁波以一定角度进入大气波导区域时，电磁波会在此区域内进行几乎无损耗的多次折射实现向前传播，从而大幅度增加设备的探测距离。由1.1节分析可知，热带某海域蒸发波导发生的高度低，概率高，且分布并不均匀，要利用波导传播，必须要确定波导是否发生、位置分布、高度等问题，因此准确预报波导对充分发挥设备效能至关重要[1-4]。

预测波导首先要了解波导的成因，分析各项要素的预测方法，然后选择合适的手段对波导进行预报。因此本章首先介绍大气波导传播条件及基于莫宁—奥布霍夫相似性理论的普适函数方案设计方法；然后简要介绍WRF模式的工作原理及预报蒸发波导的流程，最后说明气象要素普适函数方案对蒸发波导数值预报的重要性。

2.1 大气波导理论基础

2.1.1 大气波导传播

对流层层高一般低于20 km，剧烈的对流和湍流运动实现水汽、热量等的顺梯度传输，各种影响人类生存、生活的大气现象基本都发生在这一区域，如大气波导。对流层中折射指数 n 略大于1，由此导致了电磁波传播速度和路径的改变。为了方便计算，定义了电波折射率 N，其计算公式为：

$$N = A\left(p + B\,\frac{e}{T}\right) \tag{2.1}$$

16

其中，p 代表大气压力，e 代表水汽压，T 为温度。对于电磁波，当 p、e 单位为 hPa，T 单位为 K 时，A、B 的取值分别为 77.6 和 4810。

通常电磁波传播时可将地面假设为平面，但当电磁波传播很远时，这一假设就不再成立。为了简化计算，抵消地球曲率，一般采用修正折射率 M 代替折射率 N，M 的定义如下：

$$M = N + \frac{z}{R_E} \times 10^6 = N + 0.157z \tag{2.2}$$

其中，R_E 为地球半径（m），z 为距地面高度（m）。

由式（2.1）、式（2.2）可以得出 M 的一般计算公式为：

$$M = \frac{77.6}{T} \left\{ p + \frac{4810 \times r \times 6.1078 \exp\left(\frac{17.2693882 \times (T - 273.16)}{T - 35.86}\right)}{T} \right\} + 0.157 \times z \tag{2.3}$$

其中，r 为相对湿度。

如图 2.1 所示，M 的变化率可作为大气折射类型划分的依据，当 $dM/dz > 0.157$ 时，电磁波传播射线的弯折方向与地球曲面相反，这种折射被称为负折射；$dM/dz = 0$ 对应临界折射，此时射线始终与地球表面保持一定高度向前传播；而 $dM/dz < 0$ 对应超折射，大气波导属于这一类别。

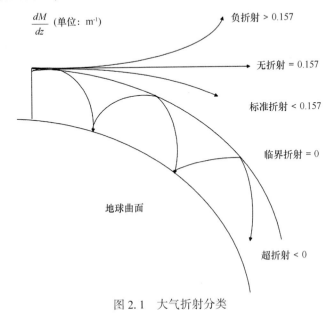

图 2.1　大气折射分类

按照高度和出现区域可将大气波导分为表面波导、悬空波导和蒸发波导。热带海域上方由于海水蒸发，水蒸气含量高且温度较为稳定，但是当热带海域表面水汽通量的垂直输送导致相对湿度反比于高度，且下降梯度较大时，海面上低空区域就会出现蒸发波导现象，其典型廓线如图 2.2 所示。

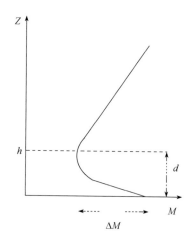

图 2.2　蒸发波导 M 廓线

电磁波利用蒸发波导进行传播，其波长有范围限制，超出波导临界波长的电波无法形成波导传播；此外电波射线要以一定角度进入波导区域，入射角如果超过波导的临界角，射线就会直接穿透波导，也会导致无法进行波导传播[5]。

蒸发波导的临界波长公式如下[6]：

$$\lambda_{max} = 3.77 \times 10^{-3} \int_0^d \left[0.125(z - d) + 0.125d\ln\frac{d + z_0}{h + z_0} \right]^{1/2} dz \quad (2.4)$$

其中，z 为离地面高度（m），d 为 EDH（m），z_0 是地表粗糙度，取值为 0.000 15 m，h 为天线高度。

实际计算中，采用简化后的经验公式来计算临界波长，假定其只与 EDH 有关：

$$\lambda_{max} = 0.832 \times 10^{-3} d^{3/2} \quad (2.5)$$

对于临界角，蒸发波导的临界角经验公式为[7]：

$$\theta_{max} = \sqrt{2 \times \Delta M} \times 10^{-3} \quad (2.6)$$

18

其中，θ_{max} 为临界角，ΔM 为蒸发波导强度（M）。

通过上述分析可知，电磁波在海面借助蒸发波导进行超视距传播需要同时满足波长和入射角的要求，而这两者与蒸发波导的 EDH 和强度直接相关。实际应用中电磁波的入射角一般都满足波导传播要求，因此本书在研究不同气象要素普适函数方案时，主要对比它们的 EDH 预报结果，在方案敏感性分析部分对强度结果也做了比较分析。

2.1.2 近地面层莫宁—奥布霍夫相似性理论

设计普适函数方案的理论基础是莫宁—奥布霍夫相似性理论（Monin-Obukhov Similarity Theory，MOST）。近地面层通常高度在数十米以内，MOST 认为这一气层中风速、温度等气象要素随高度变化明显，而湍流通量可视为常量[8-9]，并由此定义了一些反映通量输送强度的量：摩擦速度 u_*、特征位温 θ_* 及特征比湿 q_*，它们在近地面层均取常数。

根据 MOST 设计普适函数方案的核心思想是量纲分析，即 II 定理。其基本思路为：根据

$$y = f(x_1, \ x_2, \ x_3, \ \cdots, \ x_m, \ \cdots, \ x_n) \qquad (2.7)$$

设方程右边中有 m 个量纲独立，则右边其余变量可分别由这 m 个量构成无量纲量，左边 y 也可以转换为无量纲量，由此得出：

$$\Pi = \varphi(\Pi_1, \ \Pi_2, \ \cdots, \ \Pi_{n-m}) \qquad (2.8)$$

其中，Π、$\Pi_i(i = 1, \ 2, \ \cdots n - m)$ 分别代表左右两端转换后的无量纲量，由此求解 y 的自变量由 n 个减少为 n-m 个。

下面分析近地层中平均风速普适函数的构建。中性条件下：

$$\frac{\partial \bar{u}}{\partial z} = \frac{u_*}{\kappa z} \qquad (2.9)$$

其中，影响 $\partial \bar{u}/\partial z$ 的量包括摩擦速度 u_*、高度 z 和卡尔曼常数 κ。而在非中性条件下，还要考虑浮力参数 $g/\bar{\theta}$ 和 θ_*，因此，此时：

$$\frac{\partial \bar{u}}{\partial z} = f\left(u_*, z, \theta_*, \frac{g}{\bar{\theta}}\right) \qquad (2.10)$$

右侧有 3 个量纲独立，则对 $\partial \bar{u}/\partial z$ 及 $g/\bar{\theta}$ 无量纲化后得到：

$$\frac{z}{u_*}\frac{\partial \bar{u}}{\partial z} = \varphi_m\left(\frac{\dfrac{g}{\bar{\theta}}\theta_* z}{u_*^2}\right) \tag{2.11}$$

由此定义了奥布霍夫长度 L，其定义式如下：

$$L = \frac{u_*^2}{\kappa \dfrac{g}{\bar{\theta}}\theta_*} \tag{2.12}$$

则由式（2.11）、式（2.12）得：

$$\frac{\kappa z}{u_*}\frac{\partial \bar{u}}{\partial z} = \varphi_m\left(\frac{z}{L}\right) = \varphi_m(\zeta) \tag{2.13}$$

$\zeta = z/L$ 是 M–O 参数，可反映大气层结的稳定性：① $\zeta > 0$ 时稳定，且稳定度与 ζ 成正比；② $\zeta < 0$ 时不稳定，不稳定度与 ζ 成反比；③ $\zeta = 0$ 时为中性。

同理可得温度、湿度的普适函数，定义如下：

$$\frac{\kappa z}{\theta_*}\frac{\partial \bar{\theta}}{\partial z} = \varphi_h\left(\frac{z}{L}\right) \tag{2.14}$$

$$\frac{\kappa z}{q_*}\frac{\partial \bar{q}}{\partial z} = \varphi_q\left(\frac{z}{L}\right) \tag{2.15}$$

φ_m、φ_h、φ_q 即为普适函数方案，由它们可求解气象要素廓线，从而计算 M 廓线和 EDH 值。

2.2 天气研究和预报模式（WRF）简介

中尺度数值模式发展较早，且已较为成熟。早在 40 年前，一些中尺度数值预报模式就已经存在，如 ETA 模式[10]、MM4 模式、MM5 模式[11]等，但这些模式存在不易维护、模拟真实环境不佳等缺陷；而 WRF 模式改进了同化技术、物理过程方案等，同时具备网格嵌套功能，其主要组成如图 2.3 所示，不仅适用于模拟真实大气现象，也适用于研究理论过程[12-13]。

20

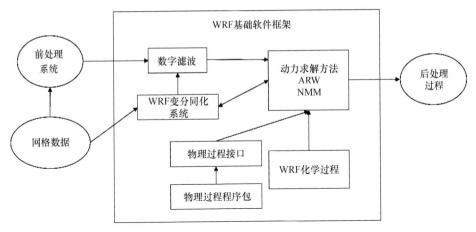

图 2.3 WRF 模式的主要模块

利用 WRF 模式预报蒸发波导的流程如图 2.4 所示，具体过程如下：

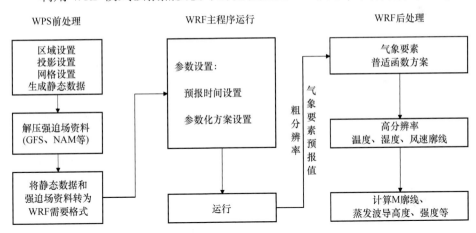

图 2.4 WRF 模式预报蒸发波导流程图

（1）前处理阶段

首先设置预报区域经纬度范围、网格参数（格点数、间距、嵌套层数）、投影参数（一般为 Lambert 投影），其次提取预报所需的气象要素数据，再将数据水平插值到预报区域，构成初始场。

（2）主程序运行阶段

首先设置预报时间（开始时间、运行长度及积分步长）；其次，WRF

提供了各种物理过程的多种参数化方案，可根据需求选择，从而实现对真实环境的模拟；设置完毕后，即可开始运行，其运行结果为粗分辨率的气象要素预报值文件。

（3）WRF 后处理阶段

输入为主程序输出的粗分辨率气象要素预报值，利用气象要素普适函数方案可求出分辨率很高的低空温度、湿度及风速廓线，再通过公式计算各高度处的 M 值，得出高分辨率 M 廓线，从而求解蒸发波导高度和强度，这样就完成一次蒸发波导预报。

2.3　气象要素普适函数方案的重要性

蒸发波导的 EDH 一般在 40 m 以下，如果没有气象要素普适函数方案的处理，WRF 模式输出的气象数据中 40 m 以下的数据将较为稀疏，或最低高度超出 EDH 值，从而导致 EDH 误差较大，影响电磁波设备的传播设置，降低设备性能。

一组（M，z）预报值如表 2.1 所示，其中 20~40 m 的 M 值是 WRF 主程序运行后输出的对应高度气象要素预报值的计算结果；0~20 m 的 M 值是气象要素普适函数方案计算出的相应高度处的气象要素预报值对应的计算结果。利用 Steeneveld 等提出的实测 M 廓线计算方案[14]分别计算表 2.1 中 20~40 m 和 0~40 m 的（M，z）数据，比较拟合后的 M 廓线和 EDH 值。

表 2.1　一组（M，z）值

高度	2	6	10	13	17	20	24	28	35
M 值	423.42	390.05	379.87	377.01	376.42	383.97	384.82	385.74	387.45

20~40 m 的（M，z）值拟合结果如图 2.5 所示，其 EDH 计算值为 7.23 m，对应的电磁波传播损耗如图 2.6；0~40 m 的（M，z）值拟合结果如图 2.7 所示，其 EDH 计算值为 16.42 m，对应的电磁波传播损耗如图 2.8 所示。可以看出如果没有气象要素普适函数方案的处理，稀疏的预报数据可能导致 EDH 的计算出现较大误差，直接影响电磁波的传播参数设置，从而导致对雷达等设备的最大威力范围判断失误。由此可知气象要素

22

普适函数方案是 WRF 模式准确预报蒸发波导的关键，研究气象要素普适函数方案，提高其计算性能十分重要。

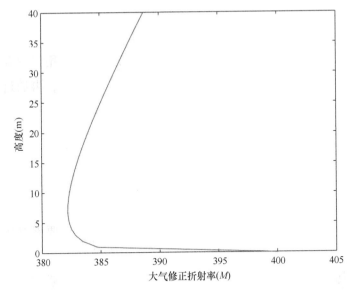

图 2.5　利用 20~40 m（M，z）值拟合的 M 廓线结果

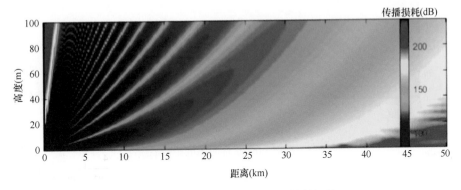

图 2.6　$EDH=7.23$ m 时的电波传播损耗

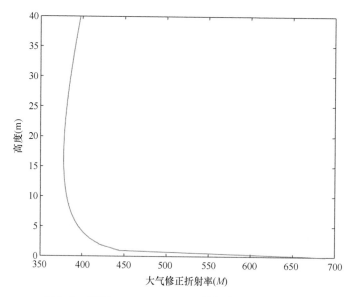

图 2.7 利用 0~40 m（M，z）值拟合的 M 廓线结果

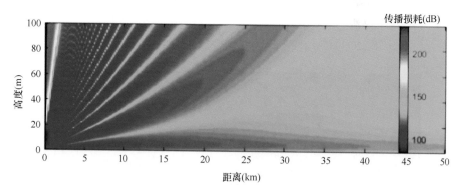

图 2.8 $EDH = 16.42$ m 时的电波传播损耗

参考文献

［1］ 姚展予，赵柏林，李万彪，等. 大气波导特征分析及其对电磁波传播的影响［J］.
气象学报，2000（05）：605-616.

［2］ 黄小毛，张永刚，王华，等. 大气波导对雷达异常探测影响的评估与试验分析
［J］.电子学报，2006（04）：722-725.

［3］ 焦林，张永刚. 大气波导条件下雷达电磁盲区的研究［J］.西安电子科技大学学报，

2004（05）：815-820.

［4］ 唐海川，王华．蒸发波导高度分布变化对雷达探测的影响研究［J］.海洋技术学报，2018，37（03）：56-60.

［5］ 刘爱国，察豪．海上蒸发波导条件下电磁波传播损耗实验研究［J］.电波科学学报，2008，23（06）：1199-1203.

［6］ 李宇．非均匀地表上空大气波导中超视距传播特性研究［D］.西安电子科技大学，2018.

［7］ 焦培南，张忠治．雷达环境与电波传播特性［M］.北京：电子工业出版社，2007.

［8］ 王琳，谢晨波，韩永，等．测量大气边界层高度的激光雷达数据反演方法研究［J］.大气与环境光学学报，2012，7（04）：241-247.

［9］ 胡隐樵，张强．大气边界层相似性理论及其应用［J］.地球科学进展，1996（06）：32-36.

［10］ Black T L. The new NMC mesoscale Eta Model：Description and forecast examples［J］. Weather Forecasting，1994，9，265-278.

［11］ Grell G A，Dudhia J，Stauffer D R. A description of the fifth-generation Penn State/ NCAR mesoscale model（MM5）［J］. Ncar Technical Note，1994，ncar/tn-398+str.

［12］ 王晓君，马浩．新一代中尺度预报模式（WRF）国内应用进展［J］.地球科学进展，2011，26（11）：1191-1199.

［13］ Skamarock W C，Klemp J B，Dudhia J，et al. A description of the advanced research WRF Version 3［M］. Ncar Technical Note，NCAR/TN-475 + STR，2008.

［14］ Steeneveld G J，Holtslag A A M，DeBruin H A R：Fluxes and gradients in the convective surface layer and the possible role of boundary-layer depth and entrainment flux［J］. Boundary-layer meteorology，2005，116，（2），pp：237-252.

第3章 现有气象要素普适函数方案分析

使用Ⅱ定理对近地面层风速、温度和湿度通量—廓线关系进行无量纲化处理，可得到近地面层气象要素普适函数方案[1-3]。近地层大气层结状态对普适函数方案的影响可以用稳定度参数 $\zeta = z/L$ 来描述，当 ζ 取不同的值时，影响大气湍流运动的因素发生改变，普适函数方案的形式也有一定变化。利用普适函数方案计算低层大气气象要素廓线，再求解 M 廓线，就可以完成对蒸发波导的预测分析。本书选取了 5 种常用的不同形式的普适函数方案：BD74 方案、BH91 方案、WS2000 方案、AT2005 方案以及 CG05 方案，它们的适用范围有一定区别，因此计算气象要素廓线的结果也有所差异。本章分为四个部分：第一部分详细论述基于普适函数方案计算气象要素廓线的方法；第二部分解决利用热带某海域实测数据计算实测 M 廓线的方案选取问题；第三部分介绍本书选取的 5 种方案的设计原理及具体形式；第四部分利用 matlab 仿真分析不同条件对普适函数方案的影响。

3.1 气象要素廓线求解方法

近地面层气象要素普适函数方案的提出主要是为了说明近地面层运动学和热力学结构，揭示湍流特征与基本气象要素廓线的内在联系，从而计算风速、温度、湿度等气象要素廓线。任何层结和下垫面上的温度、湿度和风速廓线表达式，将其变量除以适当的特征量后可转换成为无量纲形式，成为无量纲稳定因子 ζ 的普适函数。2.1.2 节中介绍了构造风速廓线无量纲方程的原理，其理论基础为 MOST，这一无量纲方程是近地面层气象要素普适函数方案的一种定义。对式（2.13）、式（2.14）和式（2.15）进行积分，得到的积分形式是气象要素普适函数方案的另一种定义，这种形式也被称作稳定度修正函数。

例如对于公式（2.13），整理等式右端可得：

$$\frac{\kappa z}{u_*}\frac{\partial \bar{u}}{\partial z} = \varphi_m(\zeta) - 1 + 1 = 1 - [1 - \varphi_m(\zeta)] \tag{3.1}$$

故

$$\mathrm{d}\bar{u} = \frac{u_*}{\kappa}\left[\frac{dz}{z} - \frac{1 - \varphi_m(\zeta)}{\zeta}\mathrm{d}\zeta\right] \tag{3.2}$$

上式两端同时积分可得：

$$\int_0^{\bar{u}}\mathrm{d}\bar{u} = \frac{u_*}{\kappa}\left\{\int_{z_0}^z\frac{\mathrm{d}z}{z} - \int_{\zeta_0}^{\zeta}[1 - \varphi_m(\zeta)]\,\mathrm{d}\ln\zeta\right\} \tag{3.3}$$

其中，$\zeta_0 = z_0/L$，z_0 是地表粗糙度，其含义是风速廓线表达式中平均风速等于零的高度。则平均风速的稳定度修正函数如下：

$$\Psi_m(\zeta) = \int_{\zeta_0}^{\zeta}[1 - \varphi_m(\zeta)]\,\mathrm{d}\ln\zeta \tag{3.4}$$

则由式（3.3）、式（3.4），可推导出非中性条件下，风速廓线为：

$$\bar{u} = \frac{u_*}{\kappa}\left[\ln\frac{z}{z_0} - \Psi_m(\zeta)\right] \tag{3.5}$$

同理，可求出非中性条件下位温廓线和比湿廓线的表达式分别为：

$$\bar{\theta} - \bar{\theta_0} = \frac{\alpha\theta_*}{\kappa}\left[\ln\frac{z}{z_0} - \Psi_h(\zeta)\right] \tag{3.6}$$

$$\bar{q} - \bar{q_0} = \frac{\alpha q_*}{\kappa}\left[\ln\frac{z}{z_0} - \Psi_q(\zeta)\right] \tag{3.7}$$

其中，位温廓线的稳定度修正函数 $\Psi_h(\zeta)$ 定义式为：

$$\Psi_h(\zeta) = \int_{\zeta_0}^{\zeta}\left[1 - \frac{\varphi_h}{\alpha}(\zeta)\right]\mathrm{d}\ln\zeta \tag{3.8}$$

其中，α 为动量垂直湍流交换系数 K_m 与感热湍流扩散系数 K_h 的比值，且满足：

$$K_m/K_h = \varphi_h(\zeta)/\varphi_m(\zeta) \tag{3.9}$$

比湿廓线的稳定度修正函数 $\Psi_q(\zeta)$ 由于实际测量湿度变化和水汽通量

的准确率不高，目前其准确形式还没有定论。根据实验结果和实测数据分析，一般认为 $\varphi_q(\zeta) = \varphi_h(\zeta)$ [4-6]。

中性时 $\varphi_m(0) = \varphi_h(0) = 1$，因此 $\Psi_m(0) = \Psi_h(0) = 0$。综上可知，已知气象要素普适函数方案和近地面层湍流通量的特征值时，便可求解风速、温度、湿度的廓线方程，再依据公式计算 M 廓线，求解蒸发波导分布情况。

3.2 热带某海域实测 M 廓线计算方案研究

分析普适函数方案性能须使用高分辨率的实测数据，为解决现有实测数据分布较为稀疏的问题，研究了热带某海域实测 M 廓线的计算方案。梁晶等学者分析了目前获取实测折射率廓线的方法[7]，主要有两种：一是使用仪器直接测量海上折射率廓线，但该方法测量高度有限且使用不便；二是间接法，也是目前常用的方法，即利用系留气球或探空小火箭等载体携带传感器，测量海面上不同高度处的气温、相对湿度和气压数据，然后通过公式计算得到大气折射率廓线，但这些数据一般较为离散且稀疏[8]。例如本书选取的气象梯度仪为 5 层，每次测量只能得到 5 组不同高度的数据，其测得的某实际 M 廓线如图 3.1 所示，很难判断 EDH 值，因此需要对 (M, z) 数据进行拟合，通过实测 M 廓线计算方案来计算各高度处的 M 值，从而得到修正后的 M 廓线，进而计算 EDH 值。利用 Steeneveld 等人提出的实测 M 廓线计算方案处理图 3.1 对应数据，得到的修正 M 廓线，如图 3.2 所示。很显然此时的 M 廓线具有鲜明的蒸发波导特征，且能够依据公式计算出此时的 EDH 值。

常用的实测 M 廓线计算方案主要有 3 种（见表 3.1），根据实测数据和最小二乘拟合即可确定方案系数，从而计算高分辨率的 M 廓线并求解 EDH。针对现有实测 M 廓线计算方案在热带某海域适用性不足的问题，本节使用沿海实测探空数据，通过误差、标准差的比较，分析了这 3 种计算方案在不同海域、不同季节的适用性。

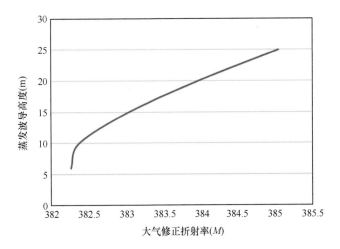

图 3.1　气象梯度仪某实测 M 廓线

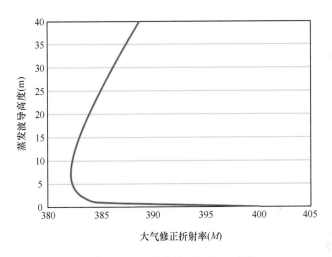

图 3.2　方案拟合计算后的某 M 廓线

表 3.1　常用实测 M 廓线计算方案

研究学者	方案形式
Howell 等学者[9]	$X(z) = A + Bln(z) + Cz$
Oncley 等学者[10]	$X(z) = A + Bln(z) + C(ln(z))^2$
Steeneveld 等学者	$X(z) = A + Bln(z) + C(ln(z))^2 + D(ln(z))^3$

注：X 表示 M 值，A、B、C、D 分别为待定系数，z 为海面以上高度（m）。

选取热带某海域的 3 个站点（分别用 1、2、3 表示）2016—2017 年的探空观测资料。为保证实测 M 廓线计算的正确性和稳健性，选取每个月 5 日、15 日、25 日的 0 时、12 时（UTC 时间）实测数据，且仅选取高度值在 300 m 以下的数据，最终获取了 432 组数据。由于系留气球升空速度快，探空数据存在低空数据稀疏的问题，但是数据基本反映了大气修正折射率变化的趋势，满足计算条件。

2016—2017 年 3 种方案在热带某海域 3 个站点拟合后的 M 值的平均误差绝对值与平均标准差如表 3.2 所示。由表中数据可知，在热带某海域的 3 个站点中，Steeneveld 等提出的实测 M 廓线的计算方案拟合 M 廓线的平均误差绝对值及标准差均为最小，Oncley 等提出的方案次之，Howell 等提出的方案最大。但由于不同季节的温度、相对湿度会发生变化，方案在不同季节的性能可能存在差异，因此进一步利用 2016—2017 年两年间的探空数据，比较了不同季节 3 种方案在热带某海域 3 个站点的总平均误差、平均标准差（见表 3.3）。

表 3.2　2016—2017 年 3 种方案在 3 个站点的平均误差及标准差

站点	方案	F1	F2	F3
1	ME	0.926 1	0.882 9	0.820 4
1	SD	1.497 6	1.359 4	1.214 3
2	ME	0.671 9	0.628 3	0.560 2
2	SD	1.120 4	0.978 4	0.803 3
3	ME	0.671 9	0.628 3	0.560 2
3	SD	1.120 4	0.978 4	0.803 3

注：ME 代表平均误差绝对值，SD 代表平均标准差，F1 代表 Howell 等提出的方案，F2 代表 Oncley 等提出的方案，F3 代表 Steeneveld 等提出的方案。（后同）

表 3.3　热带某海域各站点 2016—2017 年 3 种方案的季平均误差及标准差

季节	方案	F1	F2	F3
春	ME	0.324 6	1.110 5	0.736 1
春	MSD	0.426 3	1.671 1	1.452 9

30

季节	方案	F1	F2	F3
夏	*ME*	0.855 2	0.355 3	1.064 1
	MSD	1.434 2	0.446 4	1.518 1
秋	*ME*	0.636 7	0.796 6	0.323 5
	MSD	1.200 4	1.257 1	0.426 9
冬	*ME*	1.050 5	0.523 2	0.690 4
	MSD	1.429 6	0.897 1	1.007 4

由表 3.3 中数据可知：

（1）热带某海域春季，M 廓线计算方案平均误差及标准差最小的为 Howell 等提出的方案，Steeneveld 等的方案次之，Oncley 等的方案最大；

（2）夏季，Oncley 等的方案拟合性能最好，Howell 等的方案次之，Steeneveld 等的方案最差；

（3）秋季，Steeneveld 等的方案拟合性能最好，Howell 等的方案次之，Oncley 等的方案最差；

（4）冬季，Oncley 等的方案平均误差及标准差最小，Steeneveld 等的方案次之，Howell 等的方案最差，且 Oncley 等的方案与 Steeneveld 等的方案的拟合性能差异很小。

综上所述，实测探空数据的拟合结果表明：①热带某海域 Steeneveld 等提出的方案的整体拟合效果最好；②就季节而言，春季应选择 Howell 等的方案，秋季应选择 Steeneveld 等的方案，另外两个季节应选择 Oncley 等的方案。实测 M 廓线计算方案的选择直接影响 *EDH* 计算结果，选择最优的计算方案有助于提高蒸发波导判断的准确率，也有助于提升雷达等电子设备的性能，同时为对比气象要素普适函数方案预报性能提供更为准确的参考数据。

3.3 现有气象要素普适函数方案原理

早期的通量–廓线函数具有经验性质，是 20 世纪 50 年代莫宁和奥布霍夫在没有地面切应力（τ）和地面感热通量（H）测量的条件下，利用气象要素廓线测量结果，通过半假设推导得到的。近地面层气象要素探测技术的迅猛发展使得直接获取湍流通量成为现实，现有气象要素普适函数方案基于大量实测大气资料，具有更好的普适性。近地面层的大气层结状态对普适函数方案的影响可以用稳定度参数 ζ 来描述，Foken 提出近地面层大气层结状态与 ζ、风速廓线普适函数 φ_m 的关系如表 3.4 所示，当 ζ 取不同的值时，影响大气湍流运动的因素发生改变，普适函数方案的形式也有一定的变化。

表 3.4　近地面层大气层结状态与稳定度参数 ζ 及风速廓线普适函数 φ_m 的关系

大气层结状态	特征	ζ	$\varphi_m(\xi)$
不稳定	自由对流，与 u_* 无关	$\zeta < -1$	无定义
弱不稳定	取决于 u_*、θ_*	$-1 < \zeta < 0$	$\varphi_m(\xi) < 1$
中性	取决于 u_*	$\zeta = 0$	$\varphi_m(\xi) = 1$
弱稳定	取决于 u_*、θ_*	$0 < \zeta < 0.5 \sim 2$	$1 < \varphi_m(\xi) < 3 \sim 5$
强稳定	不依赖于 z	$\zeta > 0.5 \sim 1$	$\varphi_m(\xi)$ 取常数 $3 \sim 5$

最初对气象要素普适函数方案的研究集中在 $-1 < \zeta < 1$ 区间，如 Webb、Dyer、Businger、Hogstrom 等人提出的一系列方案[12-14]，其中最为经典的就是 Businger、Dyer 提出的 BD74 方案，目前仍被广泛使用；而 Mahrt 等人在对近地层动量通量的研究中发现，上述方案在 $\zeta > 1$ 的强稳定条件下，计算效果不够理想[15]，由此展开了大量强稳定条件下气象要素普适函数方案的研究，其中代表性的方案包括 Holtslag 等人设计的 HDB88 方案、Beljaars 等人对 HDB88 模型修正后提出的 BH91 方案以及 Cheng 和 Brutsaer 针对强稳定条件下风速廓线和温度廓线设计的 CB05 方案；$\zeta < -1$ 属于自由对流区间，对普适函数方案的改进主要有两种思路，一种是基于 BD74 方案修改指数，其代表是 Carl 等人设计的新方案；另一种是对 Carl 等人设计的方案和 BD74 方案进行插值处理，以获得更好的稳健性，其代表包括 Grachev 等人提出的新型普适函数方案、Fairall 等人提出的优化后的 COARE 3.0 算法，以及 Akylas 和 Tombrou 设计的 AT2005 方案。Wilson 仿照大气中其他的统计量也提出了不稳定条件下一种新型的气象要素普适

32

函数方案（以下简称为 WS2000 方案）。

综上可知，不同阶段学者研究的气象要素普适函数方案最适用的大气条件有一定区别，本书的目的是选取并设计最适用于热带某海域蒸发波导数值预报的气象要素普适函数方案，因此选取了 5 种不同形式的普适函数方案：BD74 方案、BH91 方案、WS2000 方案、将 Grachev 等人 2000 年提出的方案与 CB05 方案结合形成的新方案（以下简称为 CG05 方案）以及 AT2005 方案，分析它们在不同条件下的敏感性和对 *EDH* 的预报性能，其中 AT2005 方案是唯一温度、湿度采用不同普适函数的方案。

3.3.1 BD74 方案

近地面层气象要素普适函数方案是依据相对稳定的湍流通量来求解变化的气象要素的一种方法，在 2.1.2 节和 3.1 节中分别介绍了普适函数的两种定义形式，即气象要素廓线方程的微分形式和积分形式。Businger、Dyer 以其他学者的工作为基础，在各自的研究中根据合理假设和数学推导，确定了 $-1 < \zeta < 1$ 条件下的气象要素普适函数方案和系数，其形式简单且在小范围的非中性条件下拟合性能良好，因此被称为 Businger-Dyer 关系式并沿用至今，目前普遍使用的系数为 1974 年 Dyer 通过实测数据分析所确定，在本书中将这一组关系式称为 BD74 方案。其构造原理如下：

首先介绍大气稳定度的一个判定依据——梯度理查森数 R_i。湍流动能是产生湍流的各个物理过程的体现，而对湍流动能影响较大的是浮力和雷诺应力的做功，这两项的比值能够反映大气的稳定度情况，但是这一计算需要动量和热量通量的数值，在实际中不便于使用，因此改为用两者平均量的梯度来进行计算，所得结果为梯度理查森数 R_i：

$$R_i = \frac{g}{\bar{\theta}} \frac{\partial \bar{\theta}/\partial z}{(\partial \bar{u}/\partial z)^2} \qquad (3.10)$$

利用 R_i 判断大气状态与 ζ 类似，都是以它们的取值为标准，R_i 只与梯度有关，而 ζ 只与通量有关。

从纯数学的角度而言，普适函数 $\varphi_\alpha(\zeta)$（$\alpha = m,\ h,\ \cdots$）是 ζ 的函数，可对其做泰勒展开。对于风速普适函数 $\varphi_m(\zeta)$，

$$\varphi_m(\zeta) = 1 + \beta_1 \zeta + \beta_2 \zeta^2 + \cdots \qquad (3.11)$$

但式（3.11）这种形式不便求解系数，因此 Panofsky 在 1963 年提出了 KEYPS 函数[16]：

$$[\varphi_m(\zeta)]^4 - \gamma \frac{K_h}{K_m}\zeta[\varphi_m(\zeta)]^3 = 1 \qquad (3.12)$$

其中，γ 为待确定的系数。

通常研究大气稳定度时，是以中性条件下风速廓线的最小值来计算应力，再以此为基础求解 u_*，最后求解 R_i 和 ζ。但 Businger 在验证 MOST 时，发现不稳定条件下，风速廓线不再满足对数关系，而是随着高度的增加，其增长速度减缓，因此不稳定条件下达到相同应力值所需的最小风速值小于中性条件下的最小风速值，对应的 u_* 应大于中性条件下的 u_*。对此修正后，不稳定条件下，R_i 和 ζ 的值趋于一致，因此做出假设如下：

$$R_i = \zeta \qquad (3.13)$$

根据 R_i、ζ、φ_m、φ_h 的定义式可得：

$$R_i = \frac{\varphi_h}{\varphi_m{}^2}\zeta \qquad (3.14)$$

由式（3.13）、式（3.14）推导可知：

$$\varphi_h = \varphi_m{}^2 \qquad (3.15)$$

由式（3.9）、式（3.12）和式（3.15）可得：

$$[\varphi_m(\zeta)]^4\left(1 - \gamma\frac{\zeta}{\varphi_h(\zeta)}\right) = 1 \qquad (3.16)$$

基于 Fleagle、Businger 在《An Introduction to Atmospheric Physics (Second Edition)》中提出的混合长模型[17]，当 $-1 < \zeta < 0$ 时，满足 $\zeta/\varphi_h(\zeta) \approx \zeta$，因此 φ_m 的普适函数形式为：

$$\varphi_m(\zeta) = (1 - \gamma_m\zeta)^{-1/4} \qquad (3.17)$$

再由式（3.15）、式（3.17）可得：

$$\varphi_h(\zeta) = (1 - \gamma_h\zeta)^{-1/2} \qquad (3.18)$$

以上就是 BD74 方案在不稳定条件下的普适函数方案基本形式，其中 γ_m、γ_h 为待定系数。

稳定条件下，φ_m、φ_h 与 ζ 基本满足线性关系，Dyer 等人给出的计算式为：

$$\varphi_m(\zeta) = 1 + \beta_m\zeta \qquad (3.19)$$

$$\varphi_h(\zeta) = \alpha(1 + \beta_h\zeta) \tag{3.20}$$

其中，β_m、β_h 为待定系数，$\alpha = K_m/K_h$。这种方案认为比湿的普适函数与位温的普适函数一致，因此没有单独列出 $\varphi_q(\zeta)$ 的函数。

这一方案的系数为经验系数，在几十年的发展中得出了很多组结果（如表 3.5 所示），其中应用最为广泛的是 Dyer 于 1974 年确定的系数，即 BD74 方案的具体函数组为：

$$\begin{cases} \varphi_m(\zeta) = (1 - 16\zeta)^{-1/4}, \ \varphi_h(\zeta) = (1 - 16\zeta)^{-1/2} & -1 < \zeta < 0 \\ \varphi_m(\zeta) = \varphi_h(\zeta) = 1 + 5\zeta & 0 < \zeta < 1 \end{cases}$$
$$\tag{3.21}$$

表 3.5　不同学者对 BD74 方案系数的取值

学者	γ_m	γ_h	β_m	β_h	α	κ
Webb，1970	18	9	5.2	5.2	1	0.41
Businger et al.，1971	15	9	4.7	6.4	0.74	0.35
Dyer，1974	16	16	5	5	1	0.41
Wieringa，1980	22	13	6.9	9.2	1	0.41
Hogstrom，1988	19	11.6	6	7.8	0.95	0.40
Zhang and Chen et al.，1993	28	20	5	5	1	0.39
Foken，2008	19.3	11	6	8.2	0.95	0.40

对应的稳定条件下，BD74 方案的稳定度修正函数 $\Psi_m(\zeta)$、$\Psi_h(\zeta)$ 为：

$$\Psi_m(\zeta) = \Psi_h(\zeta) = -5\zeta \tag{3.22}$$

不稳定条件下，$\Psi_m(\zeta)$、$\Psi_h(\zeta)$ 分别为：

$$\Psi_m(\zeta) = 2\ln\left(\frac{1 + \varphi_m(\zeta)^{-1}}{2}\right) + \ln\left(\frac{1 + \varphi_m(\zeta)^{-2}}{2}\right) - 2\arctan(\varphi_m(\zeta)) + \frac{\pi}{2}$$
$$\tag{3.23}$$

$$\Psi_h(\zeta) = 2\ln\left(\frac{1 + \varphi_h(\zeta)^{-1}}{2}\right) \tag{3.24}$$

3.3.2　BH91 方案

BD74 方案出现后，其被应用于大气中气象要素及湍流通量等的计算，但 Hicks、Carson[18] 以及 Holtslag 等人在分析强稳定条件下的风速廓线时，发现使用 BD74 方案计算的结果与实际相差较大，甚至出现不符合实际的异常数据；不久 Holtslag 和 De Bruin 分析当 ζ 趋近于 7 时的位温廓线，也发现了类似的现象。出现这种情况的主要原因是当 ζ 取较大值时，如果风速和位温廓线仍然采用式（3.19）、式（3.20）这种线性形式，会导致 φ_m 和 φ_h 的增长率过快，从而计算出不合理的风速、位温以及通量值。

当 ζ 很大时，$\varphi_{m,h}(\zeta)$ 接近常数。为了控制强稳定条件下 φ_m 和 φ_h 的增长率，Holtslag 和 De Bruin 定义了新型的普适函数方案，也被称为 HDB88 方案，具体形式为：

$$- \Psi_m = a\zeta + b\left(\zeta - \frac{c}{d}\right)\exp(-d\zeta) + \frac{bc}{d} \tag{3.25}$$

$$\Psi_h = \Psi_m \tag{3.26}$$

其中，a、b、c、d 为经验系数，在第一章参考文献 [48] 中取值分别为 0.7、0.75、5 和 0.35。但是这一方案只适用于 $\zeta \leqslant 10$ 的情况，当 ζ 为更大值时，利用上述式子计算出的临界风速远低于实际值。

HDB88 方案和之后的一些研究都认为 $\Psi_h = \Psi_m$，但随后 Beljaars 和 Holtslag 发现在间歇湍流区，动量的交换远比热量的交换要剧烈，因此他们假设当 ζ 很大时，$\varphi_m \approx a\zeta$，$\varphi_h \approx a_h\zeta^{3/2}$，由此可得此时的梯度理查森数 R_i 为：

$$R_i = \frac{a_h}{a^2}\zeta^{1/2} \tag{3.27}$$

在上述强稳定条件下，BH91 方案的 Ψ_m 形式仍为式（3.25），而此时的位温稳定度修正函数为：

$$- \Psi_h = \left(1 + \frac{2}{3}a\zeta\right)^{3/2} + b\left(\zeta - \frac{c}{d}\right)\exp(-d\zeta) + \frac{bc}{d} - 1 \tag{3.28}$$

其中，$a = 1$，$b = 0.667$，$c = 5$，$d = 0.35$，仍认为比湿与位温的普适函数一致。

本书使用的 BH91 方案在不稳定条件下采用与 BD74 方案相同的普适函数，因此，BH91 方案的具体形式为：

36

$$
\left\{
\begin{array}{ll}
\varphi_m(\zeta) = (1 - 16\zeta)^{-1/4}, \; \varphi_h(\zeta) = (1 - 16\zeta)^{-1/2} & \zeta < 0 \\[2mm]
-\Psi_m = \zeta + 0.667\left(\zeta - \dfrac{5}{0.35}\right)\exp(-0.35\zeta) + \dfrac{0.667 \times 5}{0.35} & \\[2mm]
-\Psi_h = \left(1 + \dfrac{2}{3}\zeta\right)^{3/2} + 0.667\left(\zeta - \dfrac{5}{0.35}\right)\exp(-0.35\zeta) + \dfrac{0.667 \times 5}{0.35} - 1 & \zeta > 0
\end{array}
\right.
$$

$$(3.29)$$

3.3.3　WS2000 方案

本书选取了 Wilson 提出的不稳定方案结合经典的 BD74 方案稳定条件下的表达式，记作 WS2000 方案。Wilson 在 2000 年提出了针对自由对流状态 ($\zeta \rightarrow -\infty$)，即气象要素普适函数方案与 u_* 无关时的新型气象要素普适函数方案。

对于 $\varphi_m(\zeta)$ 而言，根据 KEYPS 函数，有：

$$
[\varphi_m(\zeta)]^4\left[1 - \frac{\gamma'\zeta}{\varphi_m(\zeta)}\right] = 1 \tag{3.30}
$$

其中，$\gamma' = \gamma K_h/K_m$，而在自由对流状态下，$-\zeta/\varphi_m(\zeta) \gg 1$，则上式可简化为：

$$
[\varphi_m(\zeta)]^4\left[-\frac{\zeta}{\varphi_m(\zeta)}\right] = 1 \tag{3.31}
$$

由此可以推导出自由对流状态下，$\varphi_m(\zeta) \approx (-\zeta)^{-1/3}$。

对于 $\varphi_h(\zeta)$，采用 MOST 的 II 定理，此时 u_* 不再起作用，则：

$$
\frac{\partial \bar{\theta}}{\partial z} = f\left(z, \frac{g}{\bar{\theta}}, \theta_*\right) \tag{3.32}
$$

而 z，$g/\bar{\theta}$，θ_* 不能组成无量纲量，只能构成常数，则：

$$
\frac{z}{T_f}\frac{\partial \bar{\theta}}{\partial z} = -a_1 \tag{3.33}
$$

其中，a_1 为常数，T_f 是由 z，$g/\bar{\theta}$，θ_* 构成的具有温度量纲的量：

$$
T_f = [\theta_*^2 T/gz]^{1/3} \tag{3.34}
$$

由式 (3.33)、式 (3.34) 可得：

$$
\frac{\partial \bar{\theta}}{\partial z} = -a_1\theta_*^{2/3}\left(\frac{g}{\bar{\theta}}\right)^{-1/3}z^{-4/3} = -a_1\frac{\theta_*}{\kappa z}\zeta^{-1/3} \tag{3.35}
$$

因此自由对流状态下, $\varphi_h(\zeta) \approx (-\zeta)^{-1/3}$。

综上, 自由对流状态下, φ_m 和 φ_h 与 ζ 满足 "$-1/3$" 的指数关系。针对自由对流状态, 学者们基于 "$-1/3$" 的指数关系设计了很多普适函数方案, 但基本都具备以下形式:

$$\varphi_{m,h} = (1 + \gamma |\zeta|^{\alpha_1})^{-\alpha_2} \tag{3.36}$$

其中, $\alpha_1 \alpha_2 = 1/3$。

对 α_1、α_2 的常见取值为 $[1/3, 1]$、$[1, 1/3]$ 和 $[2/3, 1/2]$, Carl 等人选取 $\alpha_1 = 1$, $\alpha_2 = 1/3$; 而 Wilson 选取 $\alpha_1 = 2/3$, $\alpha_2 = 1/2$, 这两种方案在自由对流条件下拟合性能都较好, 但考虑计算气象要素廓线时, 根据式(3.5)、式(3.6) 和式(3.7), 首先要求出 $\Psi_m(\zeta)$ 和 $\Psi_h(\zeta)$。由 Carl 等人的方案可得:

$$\Psi_{m,h}(\zeta) = \frac{3}{2}\ln\frac{1 + \varphi_{m,h}^{-1} + \varphi_{m,h}^{-2}}{3} - \sqrt{3}\arctan\frac{2\varphi_{m,h}^{-1} + 1}{\sqrt{3}} + \frac{\pi}{\sqrt{3}} \tag{3.37}$$

而由 Wilson 的方案可得:

$$\Psi_{m,h}(\zeta) = 3\ln\frac{1 + \varphi_{m,h}^{-1}}{2} \tag{3.38}$$

这极大地简化了气象要素廓线的计算。本书使用的 WS2000 方案具体形式如下:

$$\begin{cases} \varphi_m(\zeta) = (1 - \gamma_m |\zeta|^{2/3})^{-1/2} \\ \varphi_h(\zeta) = \alpha_h (1 - \gamma_h |\zeta|^{2/3})^{-1/2} & \zeta < 0 \\ \varphi_m(\zeta) = 1 + \beta_m \zeta \\ \varphi_h(\zeta) = 1 + \beta_h \zeta & \zeta > 0 \end{cases} \tag{3.39}$$

其中, $\gamma_m = 3.6$, $\gamma_h = 7.9$, $\alpha_h = 0.95$, $\beta_m = \beta_h = 5$。WS2000 方案仍认为比湿与位温的普适函数一致。

3.3.4 CG05 方案

CG05 方案是 Jiménez 等人提出的, 将 Grachev 提出的适用于 $\zeta < 0$ 的方案, 与 Cheng 和 Brutsaert 提出的适用于 $\zeta > 0$ 的 CB05 方案相结合, 设计出适用于不同条件下的气象要素普适函数方案[19]。

BD74 方案中，当 $-1 < \zeta < 0$ 时，$\varphi_{m,h}(\zeta)$、$\Psi_{m,h}(\zeta)$ 的计算公式为式（3.21）至式（3.24）；而 Carl 等人的方案，当 $\zeta \rightarrow -\infty$ 时，$\varphi_{m,h}(\zeta)$、$\Psi_{m,h}(\zeta)$ 的计算公式为式（3.36）和式（3.37）。这两种方案在 ζ 相应的范围内计算效果都很好，为了找出在 $\zeta < 0$ 下都适用的统一方案，Fairall 等人提出了一种插值方案，即对 BD74 方案中不稳定条件下的 Kansas 型函数 $\Psi_{m,h\,Kansas}$ 和 Carl 等人的自由对流方案中的 $\Psi_{m,h\,conv}$ 进行插值的方法，基本形式为：

$$\Psi_{\alpha} = \frac{\Psi_{\alpha\,Kansas} + \zeta^2 \Psi_{\alpha\,conv}}{1 + \zeta^2}, \quad \alpha = m,\ h \qquad (3.40)$$

2000 年，Grachev 等人确定了上式的系数，得到了在不稳定条件下均适用的方案，具体函数如下：

$$\Psi_m = \frac{\Psi_{Km} + \zeta^2 \Psi_{Cm}}{1 + \zeta^2}$$

$$\Psi_{Km} = 2\ln\left(\frac{1+x}{2}\right) + \ln\left(\frac{1+x^2}{2}\right) - 2\arctan(x) + \frac{\pi}{2}$$

$$x = (1 - 16\zeta)^{1/4} \qquad (3.41)$$

$$\Psi_{Cm} = \frac{3}{2}\ln\frac{1 + y + y^2}{3} - \sqrt{3}\arctan\frac{2y+1}{\sqrt{3}} + \frac{\pi}{\sqrt{3}}$$

$$y = (1 - 10\zeta)^{1/3}$$

$$\Psi_h = \frac{\Psi_{Kh} + \zeta^2 \Psi_{Ch}}{1 + \zeta^2}$$

$$\Psi_{Kh} = 2\ln\left(\frac{1 + \sqrt{1 - 16\zeta}}{2}\right)$$

$$\Psi_{Ch} = \frac{3}{2}\ln\frac{1 + y + y^2}{3} - \sqrt{3}\arctan\frac{2y+1}{\sqrt{3}} + \frac{\pi}{\sqrt{3}} \qquad (3.42)$$

$$y = (1 - 34\zeta)^{1/3}$$

本书在 3.3.2 节中分析了强稳定条件下线性普适函数的不适用性，并提出了针对 ζ 很大时的 BH91 方案。为了覆盖 $\zeta > 0$ 的整个范围，Cheng 和 Brutsaert 提出了只有两个参数的 CB05 方案，这一方案分析了近中性和强稳定条件下 $\Psi_{m,h}(\zeta)$ 的数值特征，具体形式如下：

$$\Psi_m = -a_m \ln \left[\zeta + \left(1 + \zeta^{b_m}\right)^{1/b_m} \right]$$

$$\Psi_h = -a_h \ln \left[\zeta + \left(1 + \zeta^{b_h}\right)^{1/b_h} \right]$$

(3.43)

其中，系数 a_m、b_m 的取值分别为 6.1、2.5；a_h、b_h 的取值分别为 5.3、1.1。

式（3.41）、式（3.42）及式（3.43）共同构成了 CG05 方案，这一方案考虑了 ζ 的各个取值区间，且仍认为比湿与位温的普适函数一致。

3.3.5　AT2005 方案

本书使用的 AT2005 方案，在不稳定时采用 Akylas 和 Tombrou 提出针对 $\zeta < 0$ 的普适函数方案，稳定条件下仍采用 BD74 方案的稳定形式。AT2005 方案在不稳定条件下的基本思想与 Grachev 等人方案一致，也是采用插值的方式，但有两点区别：一是直接对两种形式的 $\varphi_{m, h}(\zeta)$ 进行插值，将弱中性条件下的 kansas 型函数与自由对流下的 "$-1/3$" 指数形式相结合[20]；二是构造了不稳定条件下的比湿普适函数。其基本形式如下：

$$\varphi_{m, h, q} = \frac{c^2 \varphi_{m, h, q\, Kansas} + \zeta^2 \varphi_{m, h, q\, conv}}{c^2 + \zeta^2}$$

(3.44)

其中，$\varphi_{m, h, q\, Kansas}$ 为 kansas 型函数（见式（3.17）、式（3.18）），$\varphi_{m, h, q\, conv}$ 为自由对流下的 "$-1/3$" 指数型函数（如式（3.36）），c 一般取 1。

AT2005 方案具体函数组如下：

$$\begin{cases} \varphi_m = \dfrac{c^2 \left(1 - \alpha_m \zeta\right)^{-1/4} + \zeta^2 \left(1 - \beta_m \zeta\right)^{-1/3}}{c^2 + \zeta^2} & \\ \varphi_{h, q} = \dfrac{c^2 \left(1 - \alpha_{h, q} \zeta\right)^{-1/2} + \zeta^2 \left(1 - \beta_{h, q} \zeta\right)^{-1/3}}{c^2 + \zeta^2} & \zeta < 0 \\ \varphi_{m, h, q} = 1 + \gamma_{m, h, q} \zeta & \zeta > 0 \end{cases}$$

(3.45)

2013 年，赵中阔等学者利用南海沿海地区的海洋气象台实测数据，确定了此方案的一组系数，取得了很好的廓线计算效果，对应的取值如下：$c = 1$，$\alpha_{m, h, q}$ 分别取 16、14.9、16，$\beta_{m, h, q}$ 分别取 10、319.6、40.1，$\gamma_{m, h, q} = 5$。

3.4 不同初始条件对各方案的影响

实际环境中影响气象要素普适函数方案性能的因素有很多，如温度、湿度、风速、风向、气压、潮汐、浪高及复杂地形等，方案对这些要素的敏感性反映了方案的稳健性和适用条件。丁菊丽、田斌分别分析了不同条件对普适函数方案的影响（第1章参考文献［16］、［32］），结果表明潮汐、浪高、复杂地形等对方案的影响较小，并分析了温差、湿度等对方案的影响，因此本节采用matlab仿真定量分析风、温、湿、压的初始条件改变对5种方案计算结果的影响，以便深入分析方案特性。针对本书研究重点，本节利用方案计算出的气象要素廓线求解M廓线、EDH和ΔM，最后直接分析各方案EDH和ΔM的结果，从而直观展示不同条件对方案预报蒸发波导的影响。变量较多时，不易分析各变量对方案的影响，因此设计两组仿真实验，将风速、温度、湿度分为一组，气压为另一组，分析不同条件对方案性能的影响。

本书对气象要素普适函数方案的研究，目的是将气象要素廓线计算能力最好的方案引入WRF模式，从而提高对蒸发波导预报的准确率，而WRF模式预报的最低层一般高度为几十米，因此本节仿真中假设输入均为20 m处的气象要素数据，具体仿真参数的取值如表3.6所示。需要说明的是，为了便于分析，本次仿真实验对异常EDH做以下处理：若$EDH<0$，取$EDH=0$；若$EDH>40$ m，取$EDH=40$ m，因此EDH结果为0和40 m时，代表方案在这种条件下无法计算出符合基本定义的EDH值。

表3.6 风、温、湿敏感性分析的仿真参数

气象要素	单位	仿真设置
海表温（Sea Surface Temperature，SST）	℃	25
20 m处气压（P）	hPa	1 013
20 m处风速（$\bar{u}$）	m/s	1、5、9
20 m处相对湿度（Relative Humidity，RH）	%	50~100，公差为5的递增数列
20 m处气温	℃	20、21、22、23、23.5、24、24.5、25、25.5、26、26.5、27、28、29、30

3.4.1 风、温、湿的影响

热带海域的海表面温度年平均变化较小，而大气温度、风速、湿度等变化较大，故在仿真中设置海表温和气压为固定值，气温从低于海表温到高于海表温逐渐增大，构成方案敏感性分析的不同气海温差条件。本节仿真参数的具体取值如表 3.6 所示。

5 种方案在不同初始输入条件下的 EDH 计算值和 ΔM 值变化基本相同，但也存在一定差异，其中当风速为 1 m/s 且 RH 取较大值时，BD74 方案、BH91 方案、WS2000 方案和 AT2005 方案的 ΔM 计算值随气温升高而变化剧烈，因此将相应的 RH 分成了 50%～90% 和 95%、100% 两段（以下图中相对湿度 RH 单位均为 "%"）。

3.4.1.1 风、温、湿对方案 EDH 计算值的影响

风速为 1 m/s 时，5 种方案的 EDH 计算值如图 3.3 所示。由图可知：①当温差小于 1℃时，不同 RH 下所有方案的 EDH 计算值均随气海温差的升高而减小。②对于 CG05 方案，当 RH 高于 85%，且温差达到 1℃时，EDH 计算结果为接近 0 的异常值；而当 RH 低于 85%时，EDH 计算值在温差为 ［0，1℃］时出现拐点，趋势由递减变为递增，且 RH 间隔 5% 的两个 EDH 计算值偏差增大。③对于其他 4 种方案，当 RH 为 95% 及以上，且温差达到 1℃时，EDH 计算结果接近 0；当 RH 在 ［50%，90%］区间时，对应的 EDH 在气海温差为 ［0，2℃］区间内由递减转为递增，随后在温差为 3℃左右时锐减至 0。由上述分析可知，当风速较小且温差大于 1℃时，输入各方案的气海温差须提高精度。

当其他条件不变，风速为 5 m/s 时，各方案 EDH 计算值如图 3.5 所示。由图可知：①风速为 5 m/s 时，5 种方案的 EDH 计算值基本相同，且比风速为 1 m/s 时的数值减小。②当 RH 小于 85%，其他条件相同时，各方案在气海温差大于 2℃时的 EDH 异常值减少，但 RH 小于 55% 的仿真数据组在气海温差大于 4℃时出现异常值。③RH 低于 65%时，EDH 计算值随着温差升高先缓慢变化，当气海温差大于 2℃时，EDH 计算值开始显著增加；RH 高于 70%时，EDH 计算值随着温差升高而减小，当温差大于 0 时，RH 在 ［85%，100%］区间时计算的

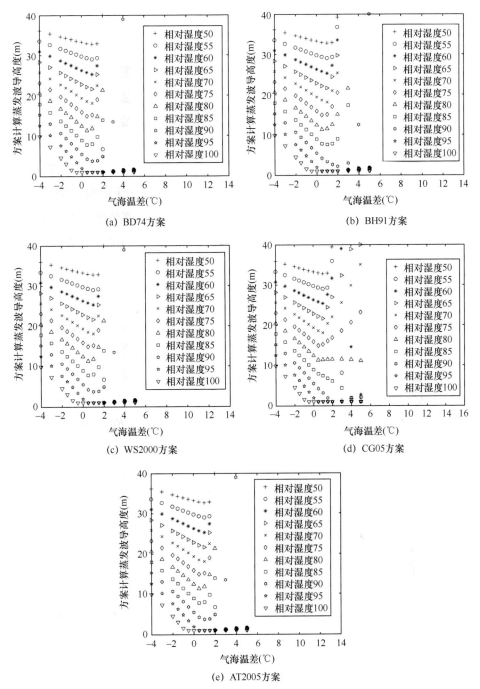

图 3.3 $\bar{u} = 1$ m/s,各方案 *EDH* 计算值(相对湿度%;后同)

EDH 值接近零。因此，当风速为 5 m/s 时，输入各方案的 *RH* 数值在 70%左右时须提高精度，且若此时温差大于 0，输入各方案的气海温差也须提高精度。

当其他条件相同，而风速为 9 m/s 时，各方案 *EDH* 计算值如图 3.6 所示。由图可知：①其他条件相同时，各方案 *EDH* 计算值比风速为 5m/s 时小；②当 *RH* 小于 85%时，除 CG05 方案在气海温差大于 4℃时出现异常值外，其余四种方案无异常值。③*RH* 低于 60%时，*EDH* 计算值随着温差升高先缓慢变化，当气海温差大于 2℃时，*EDH* 计算值增大，但增长速率低于风速为 5m/s 时的计算值；*RH* 高于 60%时，*EDH* 计算值随着温差升高而减小，其中 *RH* 在［90%，100%］区间时计算的 *EDH* 值，在温差大于 0 时几乎为零，与风速为 5m/s 时的规律一致。因此，当风速较大，输入各方案的 *RH* 数值在 60%左右时须提高精度，且若此时温差大于 0，输入各方案的气海温差也须提高精度。

进一步分析图 3.3、图 3.4、图 3.5 各方案 *EDH* 计算结果可知：①其他条件相同时，*RH* 的取值越小，*EDH* 越大；②当 *RH* 在 55%及以下时，各方案 *EDH* 计算值在气海温差大于 4℃时会出现异常值，而风速增大可减少异常值；③当 *RH* 在 85%及以上时，各方案 *EDH* 计算值在气海温差大于 0 时会出现异常值，且不随其他条件变化而变化。

3.4.1.2　风、温、湿对方案 ΔM 计算值的影响

风速为 1 m/s 时，5 种方案的 ΔM 计算值如图 3.6 所示。由图可知：①从总体来看，5 种方案的 ΔM 计算结果都满足先减小再增大的趋势，转折点的温差为［-1℃，1℃］区间。②对于 CG05 方案，其计算的 ΔM 值随气海温差先减小后增大，分水岭在气海温差为-1℃附近；③对于其余 4 种方案，当 *RH* 在［50%，90%］区间，*RH* 间隔 5%的两个 ΔM 计算值差值较小；当气海温差在 3℃左右时，不同 *RH* 计算出的 ΔM 基本相同，不再变化。当 *RH* 取 95%、100%时，ΔM 随着气海温差升高而增加，且当气海温差在 3℃左右时，ΔM 激增。当温差在［-1℃，3℃］时，较低或较高的 *RH* 条件下计算的强度趋势或数值都会突变，需要更准确的气海温差值。

风速为 5 m/s 时，5 种方案的 ΔM 计算值如图 3.7 所示。由图可知：①各方案 ΔM 计算值比风速为 1 m/s 时小。②其他条件相同，当 *RH* 低于

44

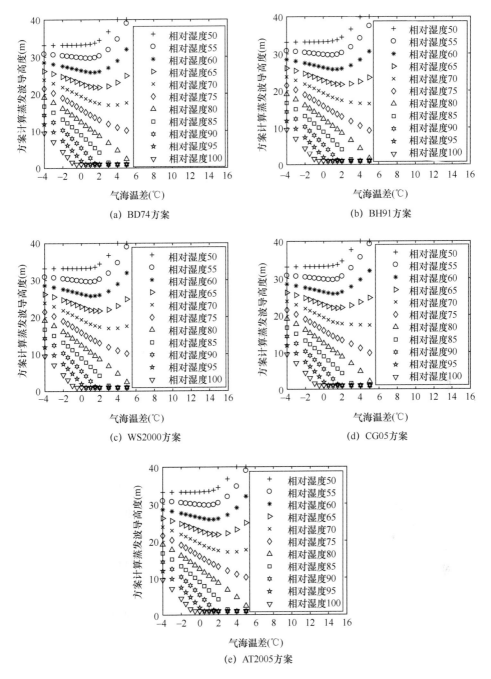

(a) BD74方案

(b) BH91方案

(c) WS2000方案

(d) CG05方案

(e) AT2005方案

图 3.4 $\bar{u} = 5$ m/s，各方案 *EDH* 计算值

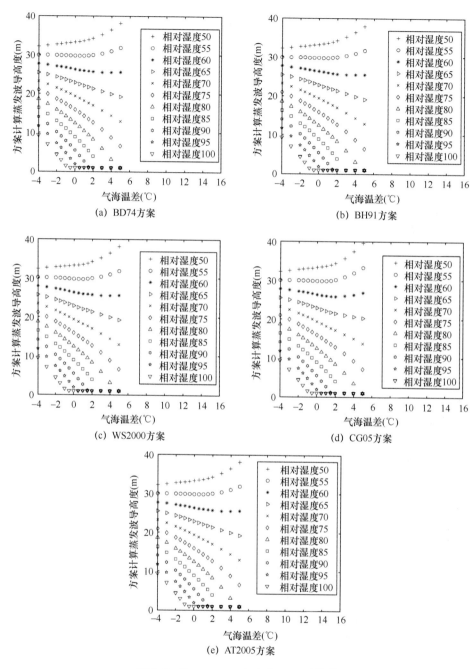

图 3.5 $\bar{u}$ =9 m/s，各方案 *EDH* 计算值

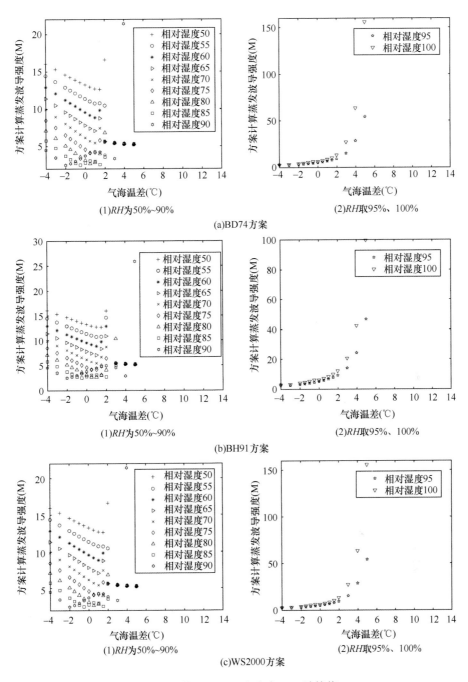

图 3.6　$\bar{u} = 1$ m/s，各方案 ΔM 计算值

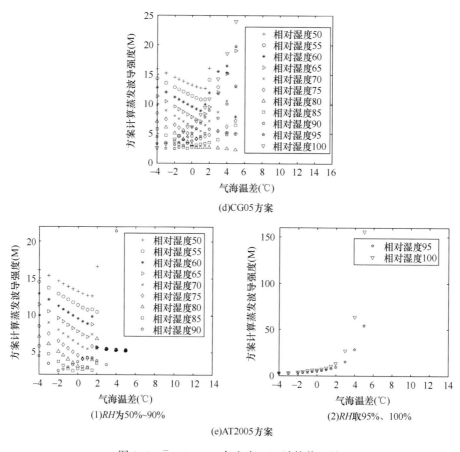

(d)CG05方案

(1)RH为50%~90%

(2)RH取95%、100%

(e)AT2005方案

图 3.6 $\bar{u}=1$ m/s，各方案 ΔM 计算值（续）

65%或高于80%时，5 种方案计算的 ΔM 整体趋势先减小后增大，且数值增大较快；当 RH 在［70%，75%］区间时，5 种方案计算的 ΔM 随气海温差上升而减小。RH 大于75%时，ΔM 计算值均有趋近于零的结果。因此，RH 数值在［65%，80%］区间时须提高精度。

当其他条件相同，而风速为9 m/s 时，各方案 ΔM 计算值如图 3.8 所示。由图可知：①各方案 ΔM 计算值比风速为5 m/s 时小。②对于 CG05方案，其计算的 ΔM 整体趋势先减小后增大，分水岭基本在气海温差为 -1℃；对于另外4 种方案，RH 低于60%时，ΔM 计算值随着温差升高而增大；RH 高于60%时，ΔM 计算值随着温差升高而减小，其中 RH 为［90%，100%］时计算的 ΔM 值，在温差处于［-0.5℃，1℃］时几乎为零。因

48

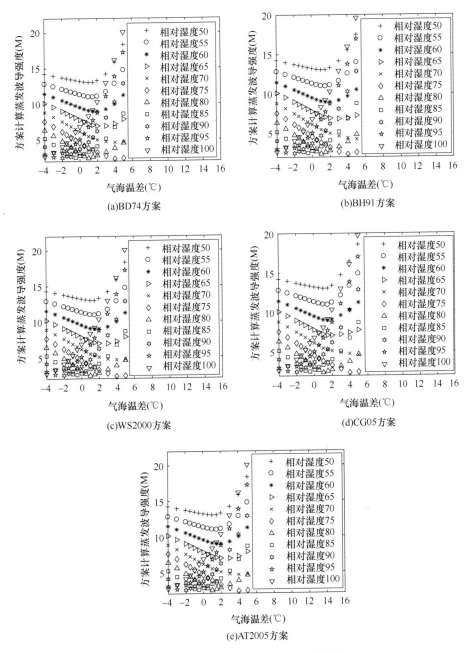

图 3.7 $\bar{u} = 5$ m/s，各方案 ΔM 计算值

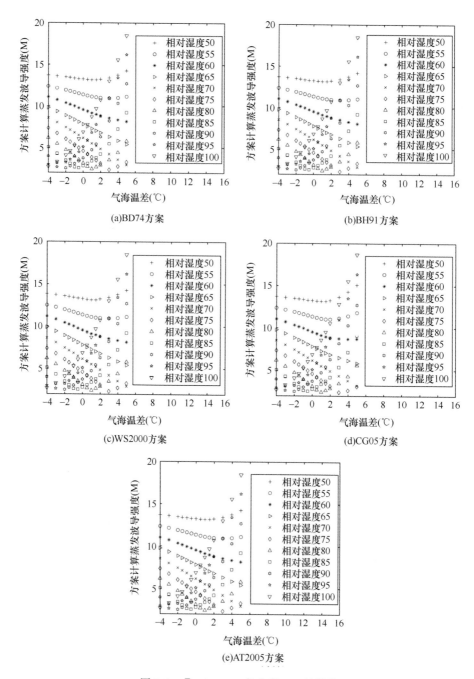

图 3.8　$\bar{u}=9$ m/s，各方案 ΔM 计算值

此，*RH* 数值在 60% 左右时须提高精度，且若此时温差大于 $-0.5℃$，输入各方案的气海温差须提高准确率。③相对于风速为 5 m/s 时的 ΔM 计算值，当 *RH* 大于 75% 时，趋近于零的结果减少。

当风速增大时，在温差大于 1℃、*RH* 为 95% 和 100% 的条件下，各方案计算的 ΔM 梯度大大减小；另外，风速的增大也使 CG05 方案在温差为 $[0, 1℃]$ 区间以及其他 4 种方案在温差为 $[1℃, 2℃]$ 区间内激增或骤减的现象减弱。

对图 3.7、图 3.8、图 3.9 进一步分析 *RH* 对 ΔM 计算值的影响可知：①*RH* 的取值越小，各方案的 ΔM 计算值越大；②当温差大于 0 时，*RH* 每间隔 5% 的 ΔM 的差值增大，须注意输入的 *RH* 精度。

根据各方案在不同条件下的分析结果，可得出结论如下：①气海温差大于 1℃，*RH* 在 55% 以下或 85% 以上时，易导致方案出现异常值；②增大风速有助于减少异常值，并减弱方案计算值突变的情况；③一定范围内，*RH* 值越小，*EDH* 和 ΔM 计算值越大。

3.4.2 气压的影响

分析气压对各方案的影响时，仿真参数为：*SST* 为 20℃，20 m 处气压分别取 990 hPa、1 000 hPa、1 010 hPa，$\bar{u}$ 为 3 m/s，*RH* 为 75%，*T* 的取值为：18℃、20.5℃、22℃。不同方案在不同输入下计算出的 *EDH* 值和 ΔM 值如表 3.7、表 3.8 所示。

表 3.7　气压对各方案 *EDH* 结果影响

固定参数	*T* (℃)	*P* (hPa)	BD74 方案	BH91 方案	WS2000 方案	AT2005 方案	CG05 方案
SST = 20℃； *RH* = 75%	18	990	21.603	21.603	21.640	21.593	21.631
		1 000	21.603	21.603	21.630	21.583	21.621
		1 010	21.593	21.593	21.620	21.573	21.610
	20.5	990	10.472	10.472	10.457	10.472	10.473
		1 000	10.476	10.476	10.462	10.476	10.477
		1 010	10.480	10.480	10.466	10.48	10.481
	22	990	4.206	4.051	4.206	4.117	4.206
		1 000	4.216	4.061	4.216	4.128	4.216
		1 010	4.226	4.071	4.226	4.138	4.226

表 3.8　气压对各方案 ΔM 结果影响

固定参数	T （℃）	P （hPa）	BD74 方案	BH91 方案	WS2000 方案	AT2005 方案	CG05 方案
$SST=20℃$； $RH=75\%$	18	990	7.466 2	7.466 2	7.479 6	7.456 2	7.475
		1 000	7.461 2	7.461 2	7.474 8	7.451 3	7.47
		1 010	7.456 2	7.456 2	7.469 9	7.446 4	7.465
	20.5	990	2.425 7	2.425 7	2.428 7	2.425 7	2.425 5
		1 000	2.424 8	2.424 8	2.427 8	2.424 8	2.424 6
		1 010	2.423 9	2.423 9	2.426 8	2.423 9	2.423 7
	22	990	4.091	4.145 8	4.090 9	4.122 1	4.090 9
		1 000	4.088	4.142 3 3	4.087 6	4.118 6	4.087 6
		1 010	4.084	4.138 8	4.084 2	4.115	4.084 2

由表 3.7 和表 3.8 中结果可知：当气压改变而其他影响因素不变时，5 种气象要素普适函数方案计算出的 EDH 值和 ΔM 值几乎没有变化，因此气压对气象要素普适函数方案基本没有影响，在蒸发波导数值预报计算 M 廓线时，不须计算各个高度处的气压值，直接用 WRF 模式主程序输出的最低层气压值计算即可。

参考文献

[1] 任华荣. WRF 模式中不同边界层参数化方案对一次华北暴雨模拟的敏感性试验 [D]. 南京信息工程大学，2016.

[2] Mikio N, Hiroshi N. Development of an Improved Turbulence Closure Model for the Atmospheric Boundary Layer [J]. Journal of the Meteorological Society of Japan，2009，87（5）：895-912.

[3] Bougeault P, Lacarrere P. Parameterization of orography-induced turbulence in a mesobeta-scale model [J]. Mon. Wea. Rev.，1989，117：1872-1890.

[4] Sukoriansky S, Galperin B, Perov V. Application of a new spectral theory of stably stratified turbulence to the atmospheric boundary layer over sea ice [J]. Bound.-Layer Meteor.，2005，117：231-257.

[5] Holtslag A A M, Bruijn E I F D, Pan H L. A High-Resolution Air-Mass Transformation Model For Short-Range Weather Forecasting [J]. Monthly Weather Review，1990，118

（8）：1561-1575.

[6]   Kader B A, Yaglom A M. Mean Fields and Fluctuation Moments in Unstably Stratified
       Turbulent Boundary Layer [J]. J. Fluid Mech, 1990, 212：637-662.

[7]   梁晶，田斌，韩凌，等．海上低空探空剖面数据的小波降噪方法研究 [J]．舰船电
       子工程，2014, 34（11）：32-36+115.

[8]   Mellor G L, Yamada T. Development of a trubulence closure model for geophysical fluid
       problems [J]. Review of Geophysics and Space Physics, 1982, 20（4）：851.

[9]   Howell J F, Sun J. Surface-layer fluxes in stable conditions [J]. Boundary-Layer Meteor-
       ology, 1999, 90（3）：495-520.

[10]   Oncley S P, Friehe C A, Larue J C, et al. Surface-layer fluxes, profiles, and turbu-
       lence measurements over uniform terrain under near-neutral conditions [J]. Journal of
       the atmospheric sciences, 1996, 53,（7）, pp: 1029-1044.

[11]   Foken T, Wichura B. Tools for quality assessment of surface-based flux measurements
       [J]. Agricultural & Forest Meteorology, 1996, 78（1-2）：0-105.

[12]   Wieringa J. A revaluation of the Kansas mast influence on measurements of stress and cup
       anemometer overspeeding [J]. Boundary-Layer Meteorology, 1980, 18（4）：411-430.

[13]   Oncley S P, Friehe C A, Larue J C, et al. Surface-Layer Fluxes, Profiles, and Tur-
       bulence Measurements over Uniform Terrain under Near-Neutral Conditions [J]. Journal
       of the Atmospheric Sciences, 1996, 53（7）：1029-1044.

[14]   Zhang H S, Chen J Y, Zhang A C, et al. An experiment and the results on flux-gradi-
       ent relationships in the atmospheric surface over Gobi desert surface [C]. Proceedings of
       International Symposium on HEIFE, pp. 349-362, Kyoto, Japan, 1993.

[15]   Mahrt L. Stratified atmospheric boundary layer [J]. Bound-Layer Meteorol, 1999, 90：
       375-396.

[16]   Panofsky H A. Determination of stress from wind and temperature measurements [J].
       Quarterly Journal of the Royal Meteorological Society, 1963, 89（379）.

[17]   Fleagle R G, Businger J A, Panofsky H A . An Introduction to Atmospheric Physics
       (Second Edition) [J]. Physics Today, 1981, 34（6）：63-64.

[18]   Carson D J, Richards P J R. Modelling surface turbulent fluxes in stable conditions [J].
       Boundary-Layer Meteorology, 1978, 14（1）：67-81.

[19]   Jiménez, Pedro A, Dudhia J, et al. A revised scheme for the WRF surface layer formu-
       lation [J]. Monthly Weather Review, 2012, 140（3）：898-918.

[20]   Priestley CHB, Free and forced convection in the atmosphere near the ground. Q J R Me-
       teorol Soc, 1955, 81（348）：139-143.

第4章 新型气象要素普适函数方案设计

本书的主要目的是设计适用于热带某海域蒸发波导数值预报的气象要素普适函数方案，第3章介绍了现有5种不同形式普适函数方案的设计原理及不同条件对方案性能的影响，因此本章首先将这5种方案引入WRF模式，利用再分析数据和热带某海域某气象梯度仪实测数据分析5种方案预报热带某海域蒸发波导的性能，确定现有最佳方案；然后基于支持向量机（Support Vector Machine，SVM）对现有最佳方案的系数进行优化，设计新型普适函数方案；再通过思维进化算法对SVM参数进行优化，对设计的方案做进一步改进，得到改进后的新型普适函数方案，并与现有最佳方案对比，分析两种新型普适函数方案的性能。

4.1 热带某海域现有最优气象要素普适函数方案研究

将本书第3章介绍的5种方案引入WRF模式，对某年2—12月热带某海域的蒸发波导情况展开数值预报，并利用ECMWF再分析气象数据及热带某海域某气象梯度仪实测数据对比分析5种方案的预报性能，确定现有最优的热带某海域气象要素普适函数方案。

4.1.1 蒸发波导数值预报设置及方案性能指标

4.1.1.1 WRF模式的蒸发波导数值预报设置

蒸发波导数值预报实验选用2017年4月发行的WRF3.9版本的ARW模式，利用分辨率为0.5°×0.5°的环球预报系统（Global Forecast System，GFS）逐6 h预报数据（0时、6时、12时、18时，UTC时间）对WRF模式进行初始化。本实验对某年 2—12 月热带某海域的蒸发波导进行预报，由于时间跨度较大，设置的时间起点为 0 时，积分时长为 120 h（即一次预报时长为 5 d），对该时间段内的热带某海域展开了多次预报分析。模式采用两层嵌套，选择 Lambert 投影方式，预报范围为：第一层网格的网格数为 x 方向 100 格，y 方向 110 格，网格距为 30 km；第二层 x 方向起点为第一层网格 x 方向的第 21 个网格，共 163 格，y 方向起点为粗网格 y 方向第 15 个网格，共 241 格，网格距为 10 km。

针对蒸发波导数值预报，本书对 WRF 主程序的参数设置如下：

（1）高度设置

WRF 模式采用 eta 分层代替海拔高度分层，确保层数不受下垫面高度影响，本实验的两层网格均分为 46 层，由顶部到底层，对应的 eta 坐标分别为：1.0000，0.9973，0.9947，0.9917，0.9884，0.9848，0.9807，0.9761，0.9710，0.9654，0.9591，0.9521，0.9444，0.9357，0.9262，0.9155，0.9038，0.8907，0.8763，0.8604，0.8428，0.8234，0.8021，0.7787，0.7531，0.7251，0.6946，0.6614，0.6255，0.5867，0.5451，0.5006，0.4533，0.4039，0.3574，0.3136，0.2724，0.2337，0.1973，0.1633，0.1314，0.1015，0.0736，0.0475，0.0232，0.000。底层垂直分辨率最高可达 20 m。

（2）物理过程设置

设置物理过程的目的是使模式初始场与发生蒸发波导的海面环境更为接近，因此根据常用模式初始场设置方法，微物理、边界层、地面层和表面层分别使用 WSM 3-class、YSU、MM5 方案和 Noah 陆表面方案，其他参数使用 WRF 模式的默认值。

4.1.1.2　普适函数方案性能分析指标

本书选取的性能分析指标为平均误差（Mean Error，ME）和均方根误差（Root Mean Square Error，$RMSE$）。ME 的计算公式为式（4.1），反映预报值与实际值的偏差平均值；$RMSE$ 计算公式为式（4.2），反映预报值相对于实际值的波动情况。

$$ME(x,\ y) = \frac{1}{m} \sum_{i=1}^{m} (x(i) - y(i)) \qquad (4.1)$$

$$RMSE(x, y) = \sqrt{\frac{1}{m} \sum_{i=1}^{m} (x(i) - y(i))^2} \qquad (4.2)$$

其中, x 为预报值, y 为实际值, x、y 都包含 m 个数据。

这两个指标中, 当 $RMSE$ 较小, 而 ME 较大时, 可对方案增加常数项来减小 ME; 而当 $RMSE$ 较大时, 数据震荡较大, 误差难以消除, 因此比较两个方案的性能时, $RMSE$ 参考价值更大。ME 越小, 方案整体偏差越小; $RMSE$ 越小, 方案稳定性越高。当 ME 相差不大时, 应选择 $RMSE$ 更小的方案。

4.1.2　蒸发波导预报结果及方案适用性分析

本书将 3.3 节中介绍的 5 种普适函数方案引入 WRF 模式, 首先利用 GFS 数据对热带某海域的蒸发波导开展多次预报, 预报了某年 2—12 月热带某海域的 EDH 值; 再将每种方案预报的月平均 EDH 分布情况与 ECMWF 再分析数据的计算结果对比, 分析方案是否能够反映热带某海域蒸发波导分布的不均匀性; 然后利用 3.2 节的分析结果选取实测 M 廓线计算方案, 并求解选取的实测数据的 M 廓线及 EDH 值, 并将 5 种方案的 EDH 时平均预报值与气象梯度仪的计算值对比, 分析方案在不同月份、不同季度及全年的预报准确率。在计算中对异常 EDH 做以下处理: 若 $EDH<0$, 取 $EDH=0$; 若 $EDH>40$ m, 取 $EDH=40$ m, 因此 EDH 结果为 0 和 40 m 时, 一般代表方案在这种条件下无法计算出符合基本定义的 EDH 值。

4.1.2.1　方案预报热带某海域蒸发波导的分布特性分析

按照 4.1.1 节的 WRF 设置, 分别使用 5 种方案预报某年 2—12 月热带某海域蒸发波导分布情况。利用 matlab 绘制每个月不同方案的月平均 EDH 分布图, EDH 一般为 0~40 m, 所以设置 EDH 每 5 m 为同一种颜色, 而 5 种方案各月份 EDH 平均值分布图差异不明显, 因此以 BD74 方案为例分析 5 种方案预报的热带某海域蒸发波导分布的性质, 月平均 EDH 预报值分布情况如图 4.1 所示。

由图 4.1 可知: ①5 种方案某年 2—12 月 EDH 的预报结果能够反映热带某海域蒸发波导分布的时间、空间不均匀性, 与图 1.2 中根据再分析气象数据计算结果得出的结论一致, 说明方案能够较为准确地反映热带某海

56

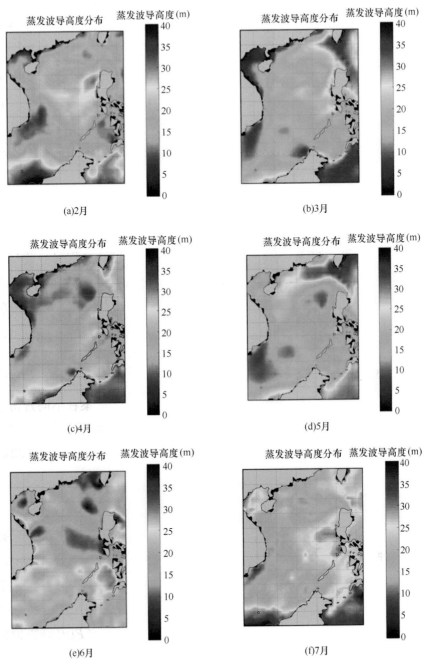

图 4.1　BD74 方案，某年 2—12 月的月平均 *EDH* 预报值分布情况

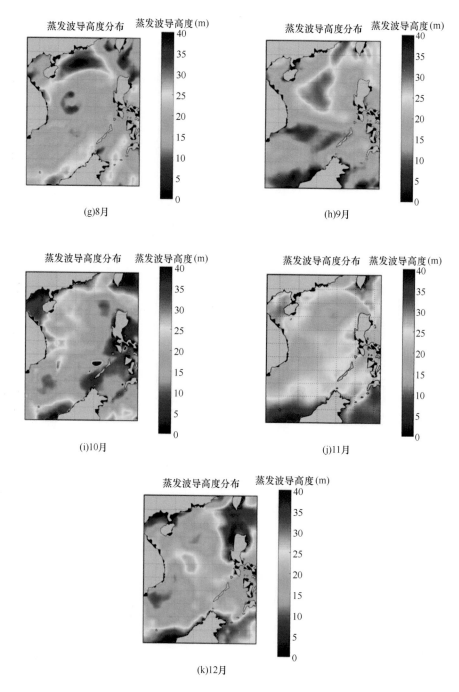

图 4.1　BD74 方案，某年 2—12 月的月平均 *EDH* 预报值分布情况（续）

域的蒸发波导分布性质。②利用方案计算的 *EDH* 值在部分区域的某些月份出现异常值。如 2 月加里曼丹岛西北方向，5 月台湾沿海，7 月、12 月加里曼丹岛西北方向等区域，8 月海南以东方向，10 月海南、台湾以西方向等出现偏高异常值；3 月、4 月、12 月的广西沿海区域，9 月的加里曼丹岛周边等出现偏低异常值。

4.1.2.2　方案预报热带某海域蒸发波导的准确性分析

本书实测数据来源于热带某海域的某气象梯度仪，用于对比方案的蒸发波导数值预报结果。该气象梯度仪可提供 6 m、10 m、15 m、20 m、25 m 处的逐分平均气温、相对湿度、风速、风向、气压等数据，观测高度不受海浪干扰且实时性较强，各层设备之间不存在系统误差。为了数据的稳定性，同时确保数据准确反映气象要素每一天的变化情况，本书计算了某年 2 月 26 日至 12 月 31 日每天 0 时、6 时、12 时、18 时（UTC 时间）的时平均数据，以时平均数据替代每分钟瞬时数据进行计算。

根据 Vickers 和 Mahrt 提出的大气数据筛选方法，利用绝对极限测试来筛除与实际不符的过大或过小的数据[1]。对于各气象要素的取值范围规定如下：水平风速 [0，30m/s]，气温 [0，50℃]，相对湿度 [0，100%]。任何超过上述范围的数据都不包括在分析中。在剔除掉 64 组异常数据后（除上述限制条件外，部分数据相隔 5 m，相对湿度数值由 80% 左右锐减至 0 或 1% 的也被剔除），最终本次实验选取了 732 组不同时次的气象数据，经分析得发生蒸发波导现象的数据共 632 组，其中 2 月 5 组、3 月 65 组、4 月 52 组、5 月 49 组、6 月 79 组、7 月 72 组、8 月 72 组、9 月 86 组、10 月 71 组、11 月 32 组、12 月 49 组，$\zeta < 0$ 的数据有 574 组，$\zeta > 0$ 的数据有 58 组，基本能够反映一年中每日波导的变化情况。

采用 4.1.1 节中介绍的 *ME* 和 *RMSE* 对比不同月份不同方案的 *EDH* 时均预报值与实测数据的 *EDH* 时均计算值，为了便于分析方案预报结果，首先分析 5 种方案在 4 个季度不同月份的预报性能，最后分析各方案的整体性能。

（1）春季 5 种方案的预报性能对比

春季（3—5 月），对选取的气象数据计算后，每组数据对应 5 种方案的 *EDH* 时平均预报值与实测 *EDH* 时平均计算值的差值如图 4.2 至图 4.4

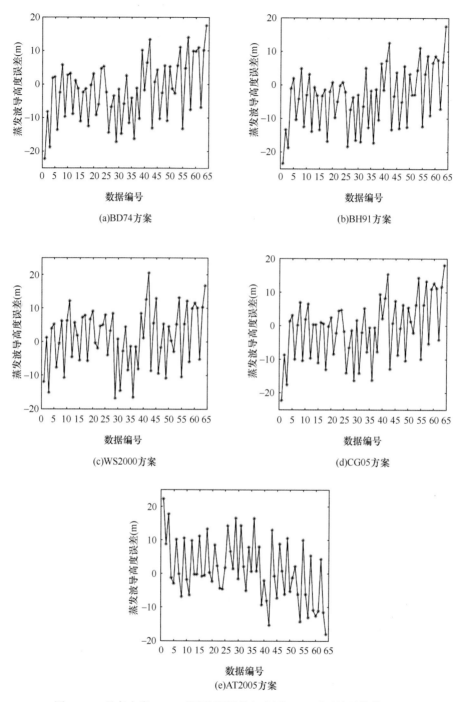

图 4.2 3月各方案 *EDH* 时平均预报值与实测 *EDH* 时平均计算值对比

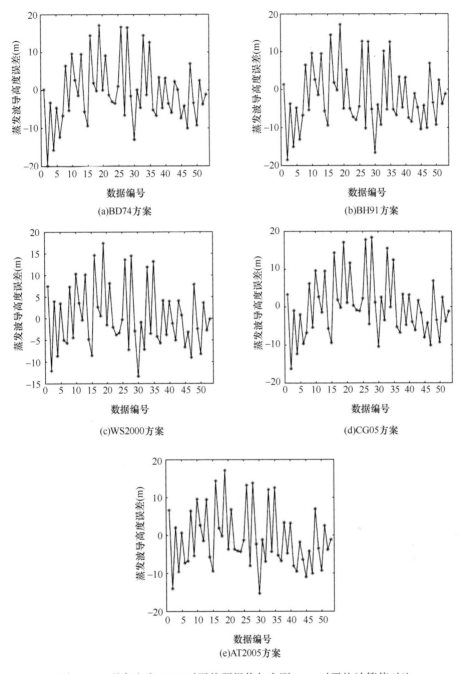

图4.3　4月各方案 *EDH* 时平均预报值与实测 *EDH* 时平均计算值对比

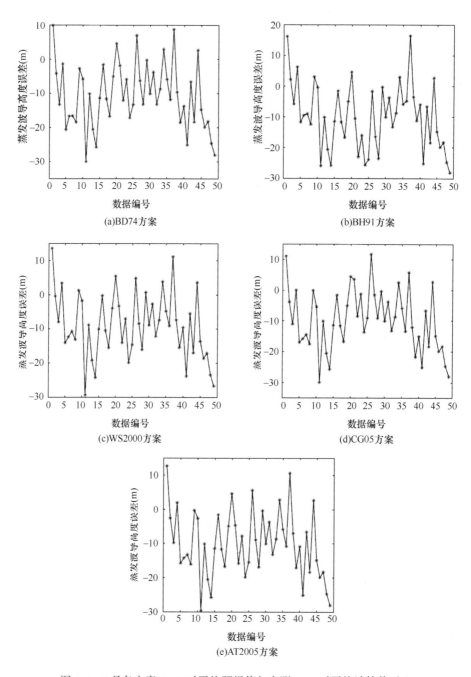

图 4.4 5月各方案 *EDH* 时平均预报值与实测 *EDH* 时平均计算值对比

所示，3月、4月中WS2000方案的预报值与实测值重合点最多，走势最为接近，其次是CG05方案和AT2005方案，而BD74方案与BH91方案的偏差较大；5种方案在5月的预报性能都较差，且出现异常值（$EDH=40$ m），其中WS2000方案的异常值有一个，其余方案有两个。

选取的5种方案在春季的EDH时平均预报值与实测EDH时平均计算值差值的ME及$RMSE$如表4.1所示。由表中信息可知，WS2000方案的$RMSE$在春季3个月中均为最小，且ME在4月、5月为最小，3月居中，因此根据本书所用的实测数据分析，春季热带某海域的最佳普适函数方案为WS2000方案，但误差仍然较大，$RMSE$均在7 m以上，甚至达到13.14 m。

表4.1 春季不同月份各方案EDH时平均预报值与实测EDH
时平均计算值的误差分析（单位：m）

		BD74 方案	BH91 方案	WS2000 方案	CG05 方案	AT2005 方案
3 月	ME	−2.37	−3.61	−1.67	−0.92	−0.94
	$RMSE$	9.48	9.50	8.89	9.01	9.04
4 月	ME	0.68	2.16	−0.34	−0.11	1.06
	$RMSE$	8.18	8.39	7.29	7.93	7.88
5 月	ME	10.62	9.98	9.04	9.81	10.21
	$RMSE$	14.24	14.64	13.14	13.91	14.06

注：底纹标记表项代表该月最佳方案。

（2）夏季5种方案预报性能的对比

夏季（6—8月）选取的5种方案EDH时均预报值与实测值的差值如图4.5至图4.7所示，6月WS2000方案的预报值与实测值重合点最多，走势最为接近，其次是AT2005方案、CG05方案，而BD74方案与BH91方案的偏差较大，且5种方案在6月最后几天的误差都较大；7月WS2000方案与AT2005方案的预报值与实际值吻合度都较高，其次为CG05方案，吻合度最低的是BH91方案；8月CG05方案预报值与实际值最为接近，其次是WS2000方案和AT2005方案，而BD74方案与

BH91方案偏差较大。

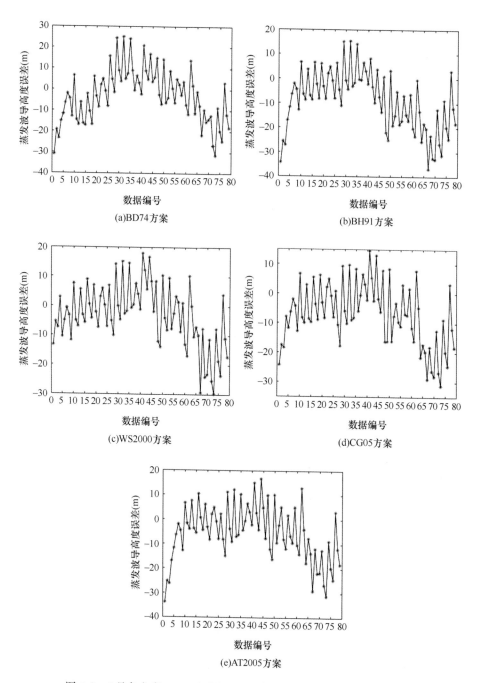

图4.5 6月各方案*EDH*时平均预报值与实测*EDH*时平均计算值对比

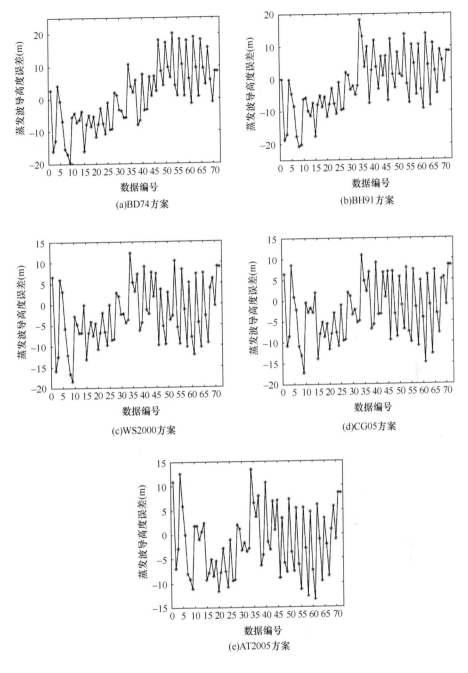

(a)BD74方案

(b)BH91方案

(c)WS2000方案

(d)CG05方案

(e)AT2005方案

图 4.6 7 月各方案 *EDH* 时平均预报值与实测 *EDH* 时平均计算值对比

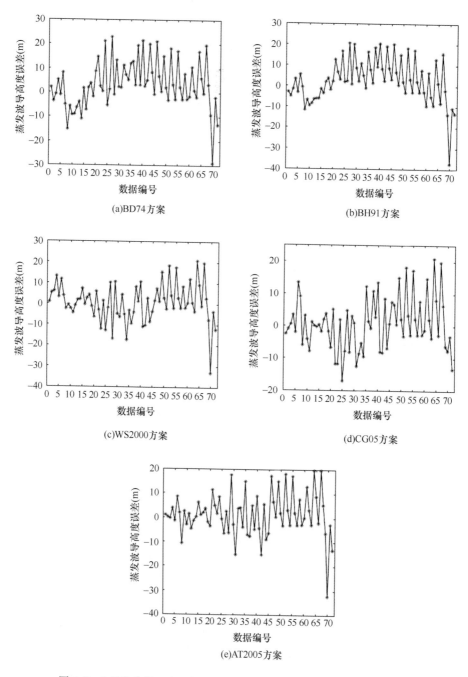

图 4.7　8 月各方案 *EDH* 时平均预报值与实测 *EDH* 时平均计算值对比

选取的 5 种方案在夏季的 *EDH* 时平均预报值与实测 *EDH* 时平均计算值差值的 *ME* 及 *RMSE* 如表4.2所示。由表中信息可知，6 月 WS2000 方案的 *RMSE* 最小，*ME* 仅高于 BD74 方案，其次是 CG05 方案；7 月 AT2005 方案的 *RMSE* 最小，*ME* 仅高于 BD74 方案，其次是 WS2000 方案；8 月 CG05 方案的 *RMSE* 最小，*ME* 仅高于 WS2000 方案，其次是 WS2000 方案。但各方案的预报值波动仍然较大，*RMSE* 在 6 m 以上。

表 4.2 夏季不同月份各方案 *EDH* 时平均预报值与实测 *EDH*
时平均计算值的误差分析（单位：m）

		BD74 方案	BH91 方案	WS2000 方案	CG05 方案	AT2005 方案
6 月	*ME*	3.13	9.18	4.25	6.13	5.79
	RMSE	12.93	15.19	11.4	12.22	12.68
7 月	*ME*	0.14	1.69	2.49	2.96	1.67
	RMSE	9.31	9	7.64	7.78	6.95
8 月	*ME*	−3.33	−2.45	−0.66	−0.74	−1.35
	RMSE	10.27	10.45	8.87	8.2	8.92

注：底纹标记表项代表该月最佳方案。

（3）秋季 5 种方案的预报性能对比

秋季（9—11 月）选取的 5 种方案 *EDH* 时平均预报值与实测 *EDH* 时平均计算值的差值如图4.8至图4.10所示，9 月 WS2000 方案的预报值与实测值最为接近，其次是 BD74 方案和 AT2005 方案，而 BH91 方案和 CG05 方案的偏差较大；10 月 WS2000 方案、CG05 方案和 AT2005 方案的预报值与实际值拟合性较好，而 BD74 方案和 BH91 方案的偏差较大；11 月 WS2000 方案预报值与实际值最为接近，其次是 CG05 方案和 AT2005 方案，而 BD74 方案与 BH91 方案偏差较大。

选取的 5 种方案在秋季的 *EDH* 时平均预报值与实测 *EDH* 时平均计算值差值的 *ME* 及 *RMSE* 如表4.3所示。由表中信息可知，9—11 月份 WS2000 方案的 *ME* 值、*RMSE* 值均为最小，其次为 CG05 方案和 AT2005 方案。因此基于本书所用实测数据，秋季热带某海域的最佳普适函数方案

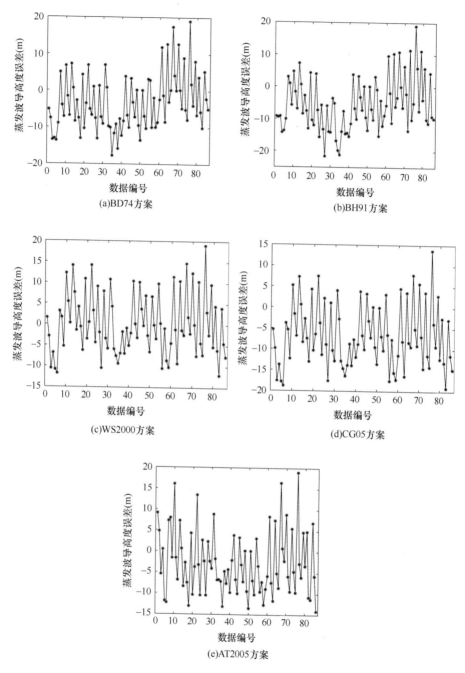

图4.8 9月各方案 *EDH* 时平均预报值与实测 *EDH* 时平均计算值对比

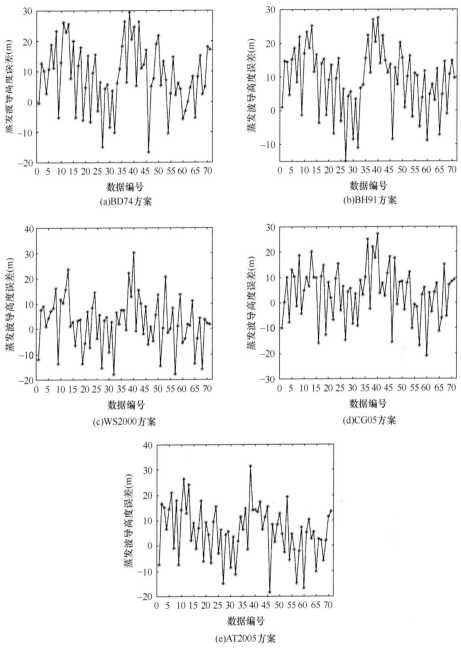

图 4.9　10月各方案 *EDH* 时平均预报值与实测 *EDH* 时平均计算值对比

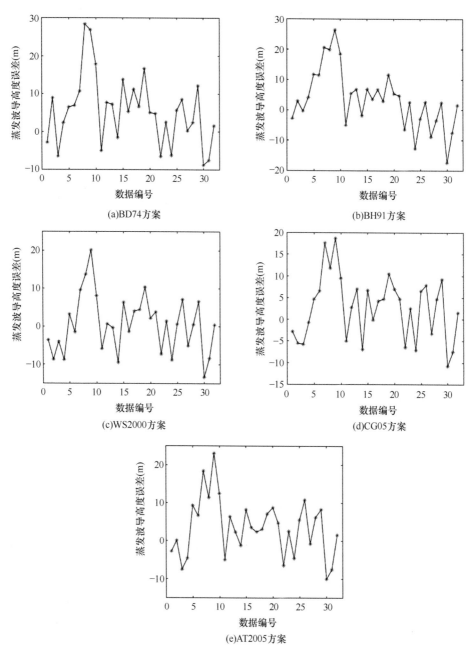

图 4.10　11 月各方案 *EDH* 时平均预报值与实测 *EDH* 时平均计算值对比

为 WS2000 方案，但 *RMSE* 仍在 7 m 以上。

表 4.3 秋季不同月份各方案 *EDH* 时平均预报值与实测 *EDH*

时平均计算值的误差分析（单位：m）

		BD74 方案	BH91 方案	WS2000 方案	CG05 方案	AT2005 方案
9 月	*ME*	0.61	5.45	0.82	3.7	1.84
	RMSE	8.16	9.86	7.47	8.04	7.65
10 月	*ME*	8.49	9.05	2.61	3.89	5.56
	RMSE	13.32	13.16	10.35	11.14	11.73
11 月	*ME*	5.42	3.37	0.51	2.68	3.46
	RMSE	10.46	10.06	7.45	7.75	8.23

注：底纹标记表项代表该月最佳方案。

（4）冬季 5 种方案的预报性能对比

冬季（2 月、12 月，本书没有获取到该气象梯度仪 1 月的实测数据）选取的 5 种方案 *EDH* 时平均预报值与实测 *EDH* 时平均计算值的差值如图 4.11、图 4.12 所示，2 月实测数据量较少，其中 WS2000 方案与 AT2005 方案的预报值与实测值重合点最多，其次是 CG05 方案，而 BD74 方案与 BH91 方案的偏差较大；12 月 CG05 方案与 AT2005 方案的预报值准确率最高，其次为 WS2000 方案，BH91 方案的准确率最低。

选取的 5 种方案在冬季的 *EDH* 时平均预报值与实测 *EDH* 时平均计算差值的 *ME* 及 *RMSE* 如表 4.4 所示。由表中信息可知，2 月 AT2005 方案的 *ME* 和 *RMSE* 最小，其次是 WS2000 方案；12 月 AT2005 方案的 *RMSE* 最小，其次是 CG05 方案，且 AT2005 方案的 *ME* 绝对值仅高于 CG05 方案。

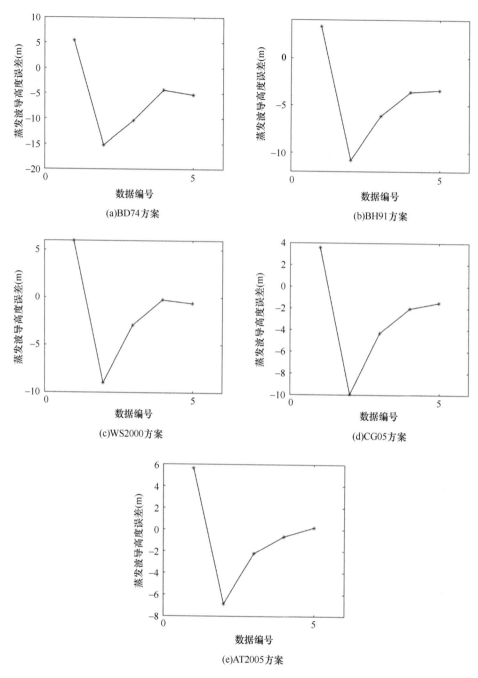

图4.11 2月各方案 *EDH* 时平均预报值与实测 *EDH* 时平均计算值对比

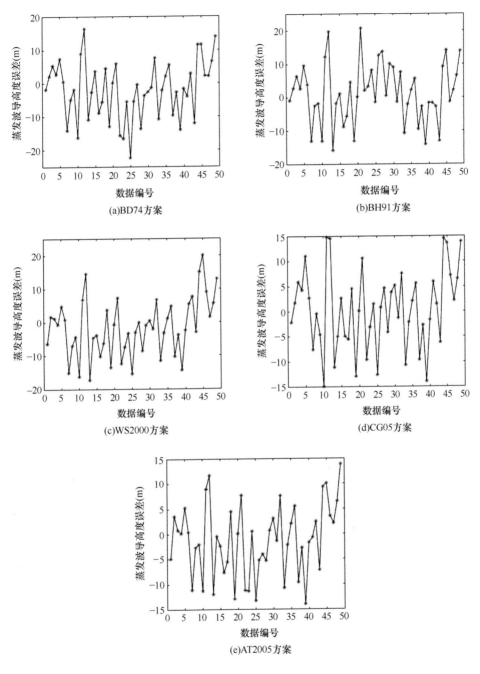

图 4.12　12 月各方案 *EDH* 时平均预报值与实测 *EDH* 时平均计算值对比

表 4.4 冬季不同月份各方案 *EDH* 时平均预报值与实测 *EDH* 时平均计算值的误差分析（单位：m）

		BD74 方案	BH91 方案	WS2000 方案	CG05 方案	AT2005 方案
2 月	*ME*	−5.83	−4.14	−1.35	−2.84	−0.79
	RMSE	9.19	6.17	5.01	5.23	4.11
12 月	*ME*	−2.06	1.32	−1.61	0.65	−1.27
	RMSE	8.91	8.88	8.72	7.9	7.24

注：底纹标记表项代表该月最佳方案。

由上述分析可知，基于本书使用的实测数据，热带某海域不同季节最佳的普适函数方案有所差异，其中春秋两个季节 WS2000 方案的 *RMSE* 最小，夏冬两个季节中 WS2000 方案、CG05 方案和 AT2005 方案的拟合性能较为接近。表 4.5 进一步比较 4 个季节的方案 *EDH* 预报平均值与实际平均值的差值，由表中数据可知，春夏秋 3 季中 WS2000 方案的 *RMSE* 最小，*ME* 除夏季外也为最小，与实测计算值最为接近；冬季 AT2005 方案的 *ME* 和 *RMSE* 最小。而比较年平均误差可知，WS2000 方案的 *RMSE* 最小，*ME* 仅高于 BD74 方案且差异较小。综上可知，基于所使用的实测数据，热带某海域的现有最佳普适函数方案为 WS2000 方案。

表 4.5 不同季度各方案 *EDH* 季平均预报值与实测 *EDH* 季平均计算值的误差分析（单位：m）

		BD74 方案	BH91 方案	WS2000 方案	CG05 方案	AT2005 方案
春季	*ME*	2.9767	2.8433	2.3433	2.9267	3.4433
	RMSE	10.6333	10.8433	9.7733	10.2833	10.3267
夏季	*ME*	−0.02	2.8067	2.0267	2.7833	2.0367
	RMSE	10.8367	11.5467	9.3033	9.4	9.5167
秋季	*ME*	4.84	5.9567	1.3133	3.4233	3.62
	RMSE	10.6667	11.0267	8.4233	8.9767	9.2033
冬季	*ME*	−3.945	−1.41	−1.48	−1.095	−1.03
	RMSE	9.05	7.525	6.865	6.565	5.675
年平均	*ME*	0.9629	2.5491	1.0508	2.0095	2.0175
	RMSE	10.2917	10.2354	8.5912	8.8062	8.6804

注：底纹标记表项代表该月最佳方案。

本书在 3.2 节中介绍了 5 种方案的具体表达式，其中 AT2005 方案及 WS2000 方案主要针对不稳定条件设计，且稳定下的表达式均与 BD74 方案一致；BH91 方案主要针对强稳定条件设计，不稳定下的表达式与 BD74 方案一致；CG05 方案则是考虑 ξ 的所有取值范围，结合适用于 $\zeta > 1$ 的 CB05 方案和适用于 $\zeta < 0$ 的 Grachev 等人的方案。而热带某海域地处东亚季风区，近地面层冬季为东北季风，夏季转为西南季风，且热带气旋活动频繁[2-3]，因此热带某海域大气处于不稳定状态最多，再考虑实验结果，可以看出 WS2000 方案的自由对流指数形式适用性最好；AT2005 方案与 CG05 方案在 $\zeta < 0$ 时都采用了插值形式，但 AT2005 方案效果更好，说明分别设计温度、湿度普适函数方案在一定程度上提高了方案准确性；而 BH91 方案的适用性最差。但 WS2000 方案年平均 $RMSE$ 仍在 8 m 以上，数据震荡较大，不利于辅助无线电设备的工作，因此需要针对热带某海域设计新型普适函数方案，从而提高预报蒸发波导分布的准确性和稳定性。

4.2 最小二乘支持向量机的回归问题求解原理

4.2.1 支持向量机求解非线性回归问题的优势

本书利用实测数据求解普适函数方案的实质是非线性回归问题，目前非线性回归问题的解决方案主要有两类：一类是基于最小二乘法的系数求解，另一类是基于神经网络的黑箱预报。最小二乘法的算法思想是确定自变量与因变量的函数关系，通过改变函数系数，使得因变量的实际值与预测值差值的平方和取最小值，但其缺点是必须给定较为准确的系数初值，且结果容易陷入局部最优[5-6]；而神经网络不需要设置自变量与因变量的系数初值，能够通过学习不断调整参数，使输出逐渐逼近实际值，建立输入与输出的响应模型。

一般的神经网络如 BP 神经网络、GRNN 神经网络等都可以较好地实现非线性函数拟合[7-12]，但这些网络需要大量的数据进行模型训练，且传递函数通常为非线性函数，不易求解原始函数系数，而且训练出的神经网络模型与 WRF 模式的耦合存在困难。目前通用的做法是对已知普适函数方案进行系数优化或设计新形式的普适函数方案，再将其引入 WRF 模式。
4.1 节通过实测数据分析得出现有热带某海域最佳普适函数方案为 WS2000
方案，具体形式见式（3.39），因此本书以 WS2000 方案为基函数，利用
实测数据对方案系数进行优化从而设计新型普适函数方案。

Vapnik 等人提出的支持向量机（Support Vector Machine，SVM）学习
方法将数据分配到对应类别中，其目标是基于训练数据产生预测目标值的
模型。这种方法只需要较小的训练集就能够获得较好的泛化性，最终的分
类模型只需要训练数据的一个子集，称为支持向量。SVM 用于分类和回归
分析，可通过调整核函数的设置，根据参数关系求解回归问题中简单多项式
形式的函数系数[13-16]。SVM 的结构直接影响计算的复杂度和结果的准确性，
本书研究的新型普适函数方案的基函数形式较为简单，且样本数量较少，因
此采用最小二乘支持向量机（Least Square-Svm，LS-SVM）进行求解[17-18]。

利用 LS-SVM 求解非线性回归问题具有如下优势：一是设置的置信间
隔带提高了方法的鲁棒性；二是求解采用凸二次规划算法，实现了预测值
为全局最优；三是该方法的引入避免了维数爆炸问题。

4. 2. 2 LS-SVM 求解回归问题的原理

回归问题可描述为：已知数量为 m 的样本 $D =$
$\{(x_1, y_1), (x_2, y_2), \cdots, (x_m, y_m)\}$, $y_i \in R$, $i = 1, \cdots, m$，求解形如
$f(x) = w^T x + b$ 的模型，使得 $f(x)$ 尽可能逼近 y，其中 w 和 b 是待确定的模
型参数。LS-SVM 求解回归问题的结构如图 4.13 所示，其求解思路是先将
x 映射到一个更高维的特征空间，令 $\varphi(x)$ 表示将 x 映射后的特征向量，则
模型现在为：

$$f(x) = w^T \phi(x) + b \qquad (4.3)$$

实际 LS-SVM 算法并未要求 $f(x)$ 与 y 差值为 0，而是设置了最大允许
误差 ξ_i。为了满足函数逼近需求，将问题转化为：

$$\min_{w, b}\left\{\frac{1}{2} \| w \|^2 + \frac{1}{2}C \sum_{i=1}^{m} \xi_i^{\ 2} + \frac{1}{2}b^2\right\} \qquad (4.4)$$

$$y_i - f(x_i) = \xi_i \qquad (4.5)$$

其中，C 为控制参数，C 的数值与样本质量呈正相关，加入 b 的平方项是

为了保证最优解中 b 趋于 0。

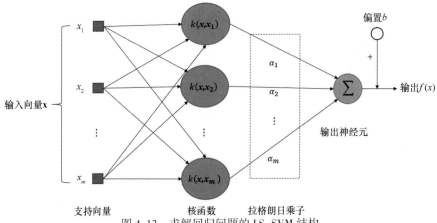

图 4.13　求解回归问题的 LS-SVM 结构

式（4.4）是一个凸二次规划问题，将其改写为拉格朗日函数：

$$L(w, b, \alpha, \xi) = \frac{1}{2} \| w \|^2 + \frac{1}{2} C \sum_{i=1}^{m} (\xi_i^2) + \frac{1}{2} b^2 - \sum_{i=1}^{m} \alpha_i (\xi_i - y_i + f(x_i))$$

$$(4.6)$$

其中，$\alpha = (\alpha_1; \alpha_2; \cdots; \alpha_m)$，且 $\alpha_i \geq 0$。分别对式（4.6）中的 w、b、ξ_i 及 α_i 求偏导为零时可得：

$$w = \sum_{i=1}^{m} \alpha_i \phi(x_i) \tag{4.7}$$

$$\sum_{i=1}^{m} \alpha_i - b = 0 \tag{4.8}$$

$$C\xi_i = \alpha_i \tag{4.9}$$

$$f(x_i) + \xi_i - y_i = 0 \tag{4.10}$$

将式（4.7）和式（4.9）代入式（4.10），在式（4.9）的限制下可得线性方程组如下：

$$\begin{bmatrix} -1 & 1 & \cdots & 1 \\ 1 & \phi^T(x_1)\phi(x_1) + \dfrac{1}{C} & \cdots & \phi^T(x_1)\phi(x_m) \\ \vdots & \vdots & \ddots & \vdots \\ 1 & \phi^T(x_m)\phi(x_1) & \cdots & \phi^T(x_m)\phi(x_m) + \dfrac{1}{C} \end{bmatrix} \begin{bmatrix} b \\ \alpha_1 \\ \vdots \\ \alpha_m \end{bmatrix} = \begin{bmatrix} 0 \\ y_1 \\ \vdots \\ y_m \end{bmatrix}$$

$$(4.11)$$

通过上述线性方程组求得 b 和 α_i 后，可得回归模型为：

$$f(x) = \sum_{i=1}^{m} \alpha_i \phi\ (x_i)\ ^T \phi(x) + b \qquad (4.12)$$

$\phi(x)$ 是将 x 映射后的特征向量，维数可能很高，甚至为无限维，不利于计算，因此 LS-SVM 引入了核函数：

$$k(x_i,\ x_j) = \langle\ \phi(x_i)\ ,\ \phi(x_j)\ \rangle = \phi\ (x_i)\ ^T \phi(x_j) \qquad (4.13)$$

从而避免了高维计算，降维求解回归模型，式（4.12）改写为：

$$f(x) = \sum_{i=1}^{m} \alpha_i k(x_i,\ x) + b \qquad (4.14)$$

常用核函数如表 4.6 所示，$k(x_i,\ x_j)$ 必须满足 Mercer 定理，即对于任意函数 $h(x)$ ，若满足 $\int h^2(x)\,\mathrm{d}x < \infty$，则 $k(x_i,\ x_j)$ 应满足：

$$\iint k(x_i,\ x_j)\,h(x)\,h(x')\,\mathrm{d}x\mathrm{d}x' \geqslant 0 \qquad (4.15)$$

表 4.6　常用核函数

类别	表达式	参数
线性核	$k(x_i,\ x_j) = x_i\ ^T x_j$	
多项式核	$k(x_i,\ x_j) = (x_i\ ^T x_j)^d$	d 为多项式次数，最小值为 1
高斯核	$k(x_i,\ x_j) = \exp\left(-\dfrac{\Vert x_i - x_j \Vert^2}{2\sigma^2}\right)$	σ 为带宽，大于零
拉普拉斯核	$k(x_i,\ x_j) = \exp\left(-\dfrac{\Vert x_i - x_j \Vert^2}{\sigma}\right)$	σ 为带宽，大于零
sigmoid 核	$k(x_i,\ x_j) = \tanh(\beta x_i\ ^T x_j + \theta)$	$\beta>0,\ \theta<0$

对于多元系统，式（4.11）应变为：

$$
\begin{bmatrix}
0 & 1 & \cdots & 1 \\
1 & \phi^T(x_1)\,\phi(x_1) + \dfrac{1}{C} & \cdots & \phi^T(x_1)\,\phi(x_m) \\
\vdots & \vdots & \ddots & \vdots \\
1 & \phi^T(x_m)\,\phi(x_1) & \cdots & \phi^T(x_m)\,\phi(x_m) + \dfrac{1}{C}
\end{bmatrix}
\begin{bmatrix}
b & b_2 & \cdots & b_k \\
\alpha_{11} & \alpha_{21} & \cdots & \alpha_{k1} \\
\vdots & \vdots & \ddots & \vdots \\
\alpha_{1m} & \alpha_{2m} & \cdots & \alpha_{km}
\end{bmatrix}
$$

$$
=
\begin{bmatrix}
0 & 0 & \cdots & 0 \\
y_{11} & y_{21} & \cdots & y_{k1} \\
\vdots & \vdots & \ddots & \vdots \\
y_{1m} & y_{2m} & \cdots & y_{km}
\end{bmatrix}
\tag{4.16}
$$

对于线性系统，选取线性核函数，训练 LS-SVM 模型后，通过 LS-SVM 展开式可以获得参数值。例如对于 $f(x) = A \cdot x$，当 LS-SVM 所求的 b 趋于 0 时，可得系数为：

$$
A = \sum_{i=1}^{m} \alpha_i x_i
\tag{4.17}
$$

多项式核可用于 LS-SVM 非线性回归，但计算参数较为复杂，所以一般采用对非线性系统自变量进行处理，转化为线性系统，再利用 LS-SVM 线性核求解参数。

4.3 新型气象要素普适函数方案设计

本书 4.1 节对比分析了 5 种不同形式的气象要素普适函数方案，结果表明：基于再分析数据和实测数据对比结果，WS2000 方案在热带某海域的蒸发波导数值预报整体效果最好，因此新型普适函数方案的设计以 WS2000 方案为基函数组，基于 LS-SVM 对其进行系数优化。WS2000 方案的具体表达式为：

$$
\begin{cases}
\varphi_m(\zeta) = (1 - \gamma_m |\zeta|^{2/3})^{-1/2} & \\
\varphi_h(\zeta) = (1 - \gamma_h |\zeta|^{2/3})^{-1/2} & \zeta < 0 \\
\varphi_m(\zeta) = 1 + \beta_m \zeta & \\
\varphi_h(\zeta) = 1 + \beta_h \zeta & \zeta > 0
\end{cases}
\tag{4.18}
$$

其中，γ_m、γ_h、β_m 及 β_h 为经验系数，在此方案中取值分别为 3.6、7.9、5 和 5。

当 $\zeta < 0$ 时，风速和位温的普适函数为非线性，为了便于系数计算，将表达式统一变换为线性，即

$$\begin{cases} y_{m1} = 1 - (\varphi_m(\zeta))^2 = \gamma_m x \\ y_{h1} = 1 - (\varphi_h(\zeta))^2 = \gamma_h x \end{cases} \quad \zeta < 0 \qquad (4.19)$$

$$\begin{cases} y_{m2} = \varphi_m(\zeta) - 1 = \beta_m \zeta \\ y_{h2} = \varphi_h(\zeta) - 1 = \beta_h \zeta \end{cases} \quad \zeta > 0 \qquad (4.20)$$

其中，$x = |\zeta|^{2/3}$，仍认为比湿与位温的普适函数一致。

LS-SVM 求解新型气象要素普适函数方案系数的具体流程如图 4.14 所示，利用 632 组气象梯度仪实测数据开展回归分析和参数求解，其中 $\zeta < 0$ 的数据有 574 组，$\zeta > 0$ 的数据有 58 组，两种条件下的数据量明显不同，所以设计两个 LS-SVM 模型，分别求解 $\zeta < 0$ 和 $\zeta > 0$ 条件下的普适函数方案系数。

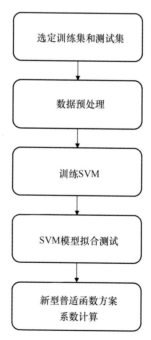

图 4.14　LS-SVM 求解普适函数方案系数整体流程

第一步确定训练集和测试集，两个模型均为单输入—双输出系统，当 $\zeta < 0$ 时，模型的输入为 x，输出为 y_{m1} 和 y_{h1}，从 574 组数据中随机抽取 500 组作为训练集，剩余 74 组为测试集；当 $\zeta > 0$ 时，模型的输入为 ξ，输出为 y_{m2} 和 y_{h2}，由于数据量较少，随机抽取 50 组为训练集，剩下 8 组为测试集；第二步对数据进行归一化处理，将原始输入、输出数据均归一化到 [0，1] 范围内，归一化映射计算方法见式（4.21）：

$$f: x \rightarrow y = \frac{x - x_{\min}}{x_{\max} - x_{\min}} \tag{4.21}$$

第三步训练 LS-SVM 模型，首先针对新型普适函数方案结构，选用线性核 $k(x_i, x_j) = x_i{}^T x_j$ 以便进行方案参数求解，控制参数 C 均设置为 500，然后利用两个训练集对 LS-SVM 分别进行训练，生成两个回归模型；第四步利用两个测试集分别测试两个模型，为了满足预报需求，要求模型均方根误差不高于 5 m；第五步将满足需求的模型展开，根据参数关系求得新型普适函数方案的系数，完成新型普适函数方案设计。两个 LS-SVM 模型求解系数的结果分别为：$\gamma_m = -0.5081$、$\gamma_h = 11.1437$、$\beta_m = 14.6342$、$\beta_h = 24.545$。两个模型的测试集及模型输出结果的误差如图 4.15 所示。

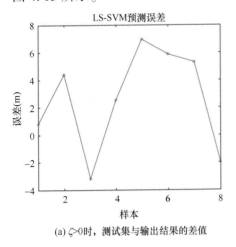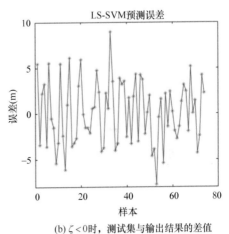

(a) $\zeta > 0$ 时，测试集与输出结果的差值　　(b) $\zeta < 0$ 时，测试集与输出结果的差值

图 4.15　"WS2000 改" 方案的测试集测试结果

当 $\zeta > 0$ 时，测试集的 *EDH* 计算结果如图 4.16（a）所示，*RMSE* 为 4.3554 m，*ME* 为 2.5859 m；当 $\zeta < 0$ 时，测试集的 *EDH* 计算结果如图 4.16（b）所示，*RMSE* 为 3.5018 m，*ME* 为 0.1532 m，拟合性能较好，本书将这一新型普适函数方案命名为"WS2000 改"方案。

4.4 思维进化算法对新型气象要素普适函数方案的改进

4.3 节设计了新型气象要素普适函数方案——"WS2000 改"方案，其测试集均方根误差在 5 m 以内，满足了实际需求，但采用的 LS-SVM 模型中的控制参数 C 是直接赋值为 500。对于 LS-SVM 模型，C 的数值越大，对带噪声样本的惩罚越大，越有利于提高样本拟合精度，但 C 值过大会降低模型的鲁棒性，甚至导致数据拟合的失败；而当 C 较小时，可能造成欠拟合，模型的泛化性能下降，所以 C 的数值选择十分重要。本节对控制参数 C 进行优化，选取最优值进行模型训练，从而改进"WS2000 改"方案。常用的参数优化算法包括交叉验证、蚁群算法、遗传算法等[19-22]，但这些算法存在收敛慢、局部最优等问题。为了避免这些问题，本书采用思维进化算法（Mind Revolution Algorithm，MEA)[23-27]对参数 C 的选取进行优化。

4.4.1 MEA 优化参数原理

MEA 的基本结构如图 4.16 所示，它仍具备遗传算法（Genetic Algorithm，GA）中"群体""环境"等基本概念，并针对其不足，参照人类的思维特点，提出了"趋同"和"异化"，从而避免了 GA 在交叉、变异中产生的不良基因。

MEA 的基本思路是：

（1）随机产生一定数量的个体，利用得分函数计算个体得分，将个体划分为若干个得分高者和得分低者。

（2）分别以每个个体为中心，在其周围产生一些新的个体，从而得到若干个得分高子群体和失败子群体。

（3）趋同使每个子群体比较个体分数，以最高得分作为该子群体得分，此时子群体成熟，并在局部公告板上显示。

（4）异化使得分高子群体被分数更高的失败子群体取代，被取代的子群体被解散并生成新的失败子群体。

（5）重复（3）、（4）直至最高分不再变化，得到全局最优解及得分。

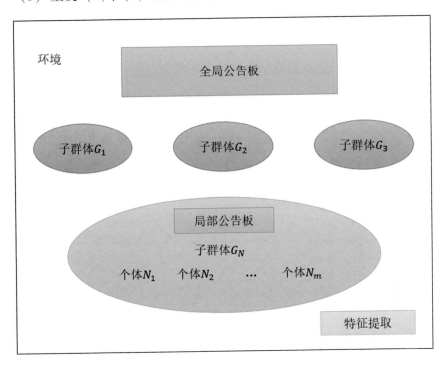

图 4.16　思维算法基本结构图

利用 MEA 对本书的 LS-SVM 结构中的控制参数 C 进行优化，需要先定义个体、子群体、适应度函数等。首先 MEA 算法需要产生一定量的个体，所以对 C 采用二进制编码，设 S_t 为第 t 代粒子，则有：

$$S_t = \{\alpha_{1t}, \ \alpha_{2t}, \ \cdots, \ \alpha_{lt}\} \tag{4.22}$$

其中，$\alpha_{it}(i = 1, \ 2, \ \cdots, \ l)$ 是 C 的二进制编码串，S_t 的长度 l 取决于参数精度，本书 l 取 20。

根据 S_t 计算 C 的实际十进制值的公式如下：

$$C_{\text{实际}} = C_{\min} + \frac{C_{\max} - C_{\min}}{2^l - 1} \times dec(S_t) \tag{4.23}$$

其中，$C_{\text{实际}}$ 为十进制，$C_{\max}$ 和 $C_{\min}$ 是 C 的上限和下限，$dec(S_t)$ 是 S_t 对应的十

进制数值。

其次是子群体的生成方式。在 MEA 的第（2）步中，要以每个个体为中心，在其周围生成子群体，其生成方式为：

$$x(1：num) = center(1：num) + 0.5 \times (rand(1，num) \times 2 - 1)$$

$$(4.24)$$

其中，num 为参数编码长度，$x(1：num)$ 为新个体，$center(1：num)$ 为中心个体。再由 sigmoid 函数将新生个体 x 转换到 $[0，1]$ 区间：

$$S(x_i) = \frac{1}{1 + e^{-x_i}}$$

$$(4.25)$$

其中，x_i 是 x 中第 i 个位串的十进制值，$S(x_i)$ 为转换后的值，再由式（4.26）生成二进制个体：

$$B_i = \begin{cases} 1，& rand(\ ) \leqslant S(x_i) \\ 0，& rand(\ ) > S(x_i) \end{cases}$$

$$(4.26)$$

其中，B_i 是 x_i 更新后的二进制值。

最后是适应度函数，即得分函数的设计。得分函数是评价个体性能的指标，直接影响了进化的方向，本书采用的得分函数是参数优化训练集均方误差的倒数，每个个体生成后，利用训练集数据计算该个体对应 C 值所求的均方误差倒数，此倒数即为个体的得分，因此训练集均方误差越小，个体的得分越高。

综上，本书利用 MEA 优化 LS-SVM 控制参数 C 进而改进新型普适函数方案的流程图如图 4.18 所示，利用此算法即可求出 C 的最佳取值及改进后的普适函数方案模型。

4.4.2 MEA 对新型普适函数方案的改进

按照图 4.17 中 MEA 优化 LS-SVM 控制参数 C 的算法流程，对"WS2000 改"方案进行改进。分别在 $\zeta > 0$ 和 $\zeta < 0$ 条件下训练 LS-SVM 模型，对风速和位温普适函数进行回归拟合，训练集、测试集的设置与 4.3 节保持一致，从训练集中随机抽取 1/5 的数据作为参数优化的训练集，MEA 初始参数设置为：100 个个体、5 个得分高子种群、5 个失败子种群、10 次迭代，参数 C 的上限为 1000、下限为 2^{-5}，得分函数为训练集均方误

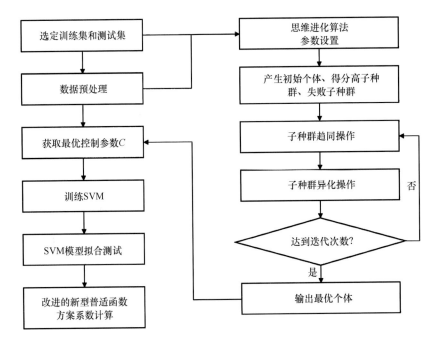

图 4.17　MEA 优化 LS-SVM 控制参数 C 的流程图

差的倒数。

　　训练初始得分高子种群和失败子种群的得分情况随迭代次数的变化如图 4.18 所示，可以看出：①子种群在数次趋同操作后得分不再变化；②存在一些子种群并未执行趋同操作，如得分高子种群中的 1、3、5 和失败子种群中的 2，因为它们的中心周围没有得分更高的个体；③子种群成熟时，失败子种群的 1、3、5 比得分高子种群的 3、5 得分更高，因此接下来需要执行异化操作。

　　MEA-LS-SVM 训练完成后，参数 C 的最优取值为 315.6392，此时训练后改进的普适函数方案的参数 γ_m、γ_h、β_m 及 β_h 分别为 1.6239、10.9536、16.8176 和 14.9757。当 $\zeta > 0$ 时，测试集的 EDH 计算结果如图 4.19（a）所示，$RMSE$ 为 2.9813 m，ME 为 1.4609 m；当 $\zeta < 0$ 时，测试集的 EDH 计算结果如图 4.19（b）所示，$RMSE$ 为 2.3192 m，ME 为 0.5661 m。将改进后的方案命名为"MEA-WS2000 改"方案。

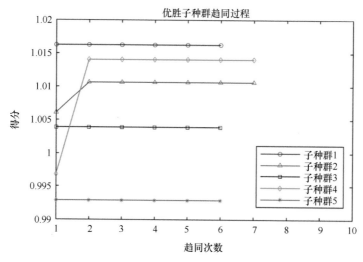

(a)初始得分高子种群趋同过程

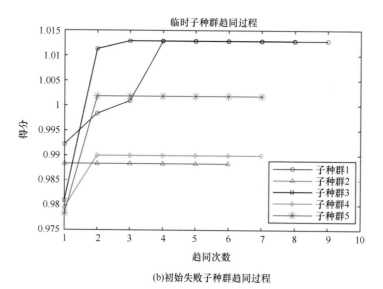

(b)初始失败子种群趋同过程

图 4.18   初始子种群得分最大值随迭代次数变化

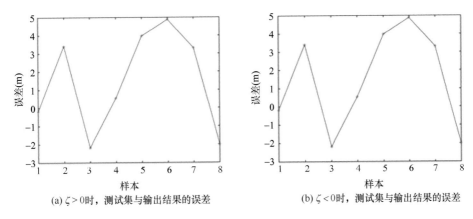

(a) ζ>0时，测试集与输出结果的误差   (b) ζ<0时，测试集与输出结果的误差

图 4.19　改进后的新型普适函数方案的测试集测试结果

4.5　两种新型普适函数方案性能分析

4.3 节与 4.4 节利用 LS-SVM 和实测数据设计了"WS2000 改"方案，并通过 MEA 对其改进，设计了"MEA-WS2000 改"方案，本节采用两种方式分析两种新方案性能：一是分别将两种新型方案引入 WRF 模式，对某年 2—12 月热带某海域蒸发波导进行数值预报，分析两种新型方案的预报结果能否体现热带某海域蒸发波导分布特性；二是利用 WS2000 方案对两测试集进行计算，对比分析两种新型方案的准确性。

4.5.1　新型方案预报热带某海域蒸发波导的分布特性分析

4.5.1.1　"WS2000 改"方案预报结果的分布特性分析

"WS2000 改"方案对某年 2—12 月热带某海域 *EDH* 月平均预报值如图 4.20 所示，由图可知，"WS2000 改"方案的预报结果能够说明热带某海域蒸发波导分布的不均匀性，且相比 WS2000 方案，2 月、3 月、10 月、12 月沿岸的偏高异常值有所减少，但 3 月、5 月、6 月、10 月的偏低异常值区域有所扩大。

4.5.1.2　"MEA-WS2000 改"方案预报结果的分布特性分析

"MEA-WS2000 改"方案对某年 2 至 12 月热带某海域 *EDH* 预报值如图 4.21 所示，由图可知：①"MEA-WS2000 改"方案的预报结果同样能

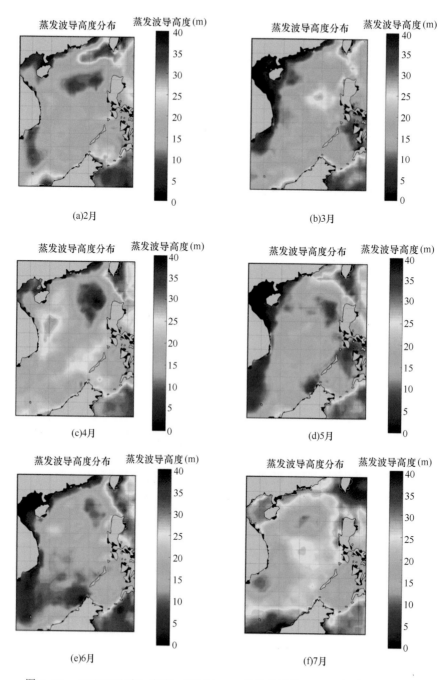

图 4.20 "WS2000 改"方案，某年 2—12 月的月平均 *EDH* 预报值分布情况

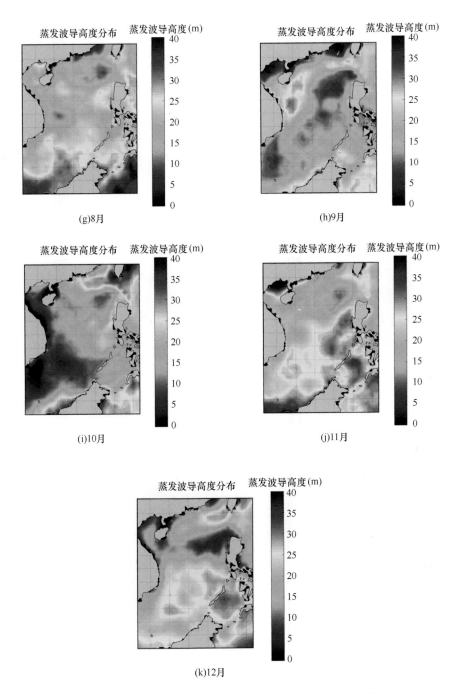

图 4.20　"WS2000 改"方案，某年 2—12 月的月平均 *EDH* 预报值分布情况（续）

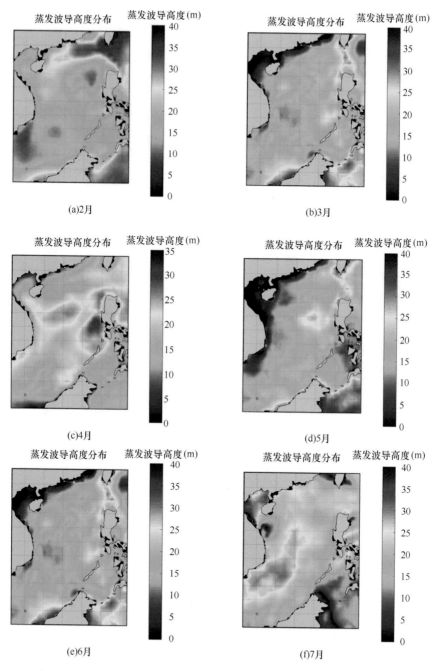

图 4.21 "MEA-WS2000 改"方案，某年 2—12 月的月平均 *EDH* 预报值分布情况

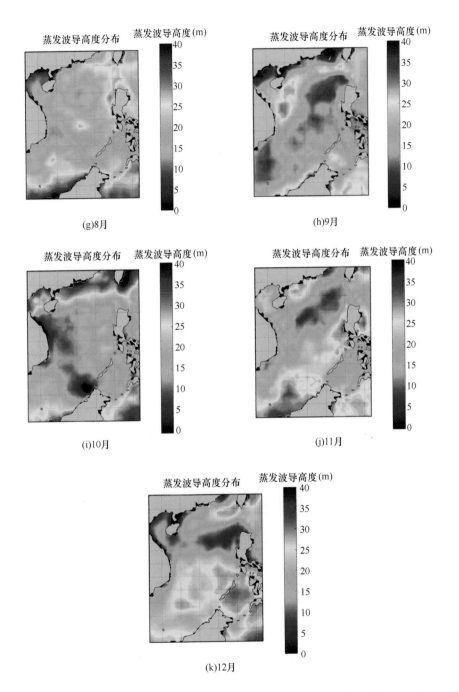

图 4.21 "MEA-WS2000 改"方案，某年 2—12 月的月平均 *EDH* 预报值分布情况（续）

够体现热带某海域蒸发波导分布的不均匀特性；②"MEA-WS2000改"方案各月 *EDH* 预报结果出现异常值的区域更加集中，部分月份的异常值范围也有一定缩小。

4.5.2　新型方案预报 *EDH* 准确性分析

4.3 节、4.4 节中利用本书选取的 632 组实测数据开展回归分析，其中 $\zeta < 0$ 的数据有 574 组，选取 74 组数据为测试集，其余为训练集；$\zeta > 0$ 的数据有 58 组，选取 8 组数据为测试集，其余为训练集，从而基于 LS-SVM、思维进化算法求解参数，设计了"WS2000改"方案及"MEA-WS2000改"方案。为了进一步分析这两种方案对 *EDH* 预报值的准确性，利用 WS2000 方案计算测试集数据的 *EDH*，并对比 WS2000 方案 *EDH* 计算值误差与两种新型方案 *EDH* 预报值误差的大小。

对于 $\zeta > 0$ 的 8 组测试集数据，WS2000 方案的 *EDH* 预报值与 *EDH* 实际计算值的差值如图 4.22 的（a）所示，*ME* 为 8.481 3 m，*RMSE* 为 9.738 2 m；对于 $\zeta < 0$ 的 74 组测试集数据，WS2000 方案的 *EDH* 预报值与 *EDH* 实际计算值的差值如图 4.22 的（b）所示，*ME* 为 6.911 4 m，*RMSE* 为 7.960 5 m。对比这两组结果与 4.3 节、4.4 节中两种新型方案的结果可知：对于两组测试集数据，"MEA-WS2000改"方案的误差都最小，即对于测试集而言，"MEA-WS2000改"方案的准确性更高。

因此，就某年 2—12 月 *EDH* 月平均分布和测试集准确率而言，"MEA-WS2000改"方案的性能更好，更适用于热带某海域蒸发波导数值预报。

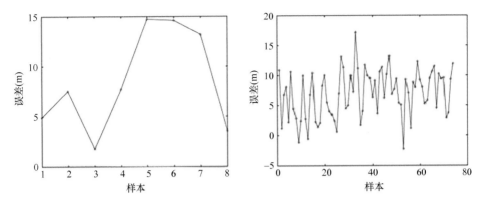

图 4.22　WS2000 方案的测试集测试结果

参考文献

[1]　Vickers D, Mahrt L. Quality control and flux sampling problems for tower and aircraft data. J Atmos Ocean Technol 1997, 14（3）：512–526.

[2]　杨海军，刘秦玉. 南海上层水温分布的季节特征 [J]. 海洋与湖沼，1998（05）：501–507.

[3]　杨海军，刘秦玉. 南海海洋环流研究综述 [J]. 地球科学进展，1998（04）：47–51.

[4]　Drezet P M L, Harrison R F. Support vector machines for system identification [C], UKACC International Conference on CONTROL' 98, University of Wales, Swansea, UK, 1998, pp：688–692.

[5]　Gretton A, Doucet A, Herbrich R, et al. Support vector regression for black–box system identification [C]. 11th IEEE Signal Processing Workshop on Statistical Signal Processing, Singapore, 2001, 341–344.

[6]　Nagumo J I, Noda A. A learning method for system identification [J], IEEE Transaction on Automatic Control, 1967AC–12（3）：282–287.

[7]　周昊，郑立刚，樊建人，等. 广义回归神经网络在煤灰熔点预测中的应用 [J]. 浙江大学学报（工学版），2004（11）：90–93.

[8]　SPECHT D F. A general regression neural network [J]. IEEE Transactions on Neural Network, 1991, Vol 2, pp. 568–576.

[9]　Tomandl D, Schober A. A Modified General Regression Neural Network（MGRNN）with

new, efficient training algorithms as a robust 'black box' –tool for data analysis [J]. Neural Netw, 2001, 14 (8): 1023–1034.

[10] GAO Z and CHEN L. Sea Clutter Sequences Regression Prediction Based on PSO–GRNN Method [C]. 2015 8th International Symposium on Computational Intelligence and Design (ISCID), Hangzhou, 2015, pp: 72–75.

[11] LIU Hui, ZHANG Yun–sheng, WANG Shuai. Method of temperature measurement using image based on GRNN [C]. 2009 Chinese Control and Decision Conference, Guilin, 2009, pp: 2 992–2 996.

[12] Anbazhagan S and Kumarappan N. Classification of day–ahead prices in Asia´s first liberalized electricity market using GRNN [C]. IET Chennai 3rd International on Sustainable Energy and Intelligent Systems (SEISCON 2012), Tiruchengode, 2012, pp: 1–5.

[13] Vapnik V N. An overview of statistical learning theory [J], IEEE Transaction on Neural Networks, 1999, 10 (5): 988–999.

[14] Vapnik V N. Universal learning technology: Support Vector Machines [J], NEC Journal of dvanced Technology, 2005, 2 (2): 137–144.

[15] 汪海燕, 黎建辉, 杨风雷. 支持向量机理论及算法研究综述 [J]. 计算机应用研究, 2014, 31 (05): 1 281–1 286.

[16] 杜树新, 吴铁军. 用于回归估计的支持向量机方法 [J]. 系统仿真学报, 2003 (11): 1 580–1 585+1 633.

[17] Suykens J A K, De Brabanter J, Lukas L, et al. Weighted least squares support vector machines: robustness and sparse approximation [J], Neurocomputing, Special Issue on Fundamental and Information Processing Aspects of Neurocomputing, 2002, 48: 85–105.

[18] Suykens J A K, and Vandewalle J, Least squares support vector machines classifiers [J], Neural Processing Letters, 1999, 9: 293–300.

[19] 陈帅, 朱建宁, 潘俊, 等. 最小二乘支持向量机的参数优化及其应用 [J]. 华东理工大学学报 (自然科学版), 2008 (02): 278–282.

[20] 王克奇, 杨少春, 戴天虹, 等. 采用遗传算法优化最小二乘支持向量机参数的方法 [J]. 计算机应用与软件, 2009 (7): 109–111.

[21] 庄严, 白振林, 许云峰. 基于蚁群算法的支持向量机参数选择方法研究 [J]. 计算机仿真, 2011 (5): 216–219.

[22] 刘路, 王太勇. 基于人工蜂群算法的支持向量机优化 [J]. 天津大学学报, 2011, 44 (09): 803–809.

[23] 孙承意, 谢克明, 程明琦. 基于思维进化机器学习的框架及新进展 [J]. 太原理工

大学学报，1999（05）：3-7.

[24]　孙承意，王皖贞，贾鸿雁．思维进化计算的产生与进展［C］.中国智能自动化会议．2001.

[25]　何小娟，曾建潮，徐玉斌．基于思维进化算法的神经网络权值与结构优化［J］.计算机工程与科学，2004（05）：38-42.

[26]　邱玉霞，谢克明．基于泛函分析的思维进化算法收敛性研究［J］.计算机工程与应用，2006（22）：36-38.

[27]　何小娟，曾建潮，徐玉斌．基于思维进化算法的径向基函数神经网络结构优化［J］.计算机工程，2004（09）：72-73+78.

第5章　新型气象要素普适函数
方案性能验证

　　本书第 4 章将 5 种不同形式的气象要素普适函数方案引入 WRF 模式，利用再分析数据及热带某海域某气象梯度仪实测数据对比了 5 种方案在热带某海域不同月份的蒸发波导预报性能，最终确定 WS2000 方案更适合热带某海域的蒸发波导数值预报。再将 WS2000 方案作为基函数，采用最小二乘支持向量机对方案系数进行优化，设计了"WS2000 改"方案，又引入思维算法对网络进行进一步改良，得到了"MEA－WS2000 改"方案，并通过分析测试集的准确性和热带某海域蒸发波导的分布特性初步对比了两种新方案。为了进一步分析验证两种新型普适函数方案的预报性能，从而确定适用于热带某海域蒸发波导数值预报的普适函数方案，本章针对第 4 章的结果，主要做了两项工作：第一，为了便于操作，设计了 B/S 架构的中尺度气象模拟系统，实现了在 windows 环境下可视化调用 Linux 环境下的 WRF 功能；第二，利用另外一年 1—5 月的气象梯度仪实测数据对比了 WS2000 方案、"WS2000 改"方案及"MEA－WS2000 改"方案的预报性能。

5.1　中尺度气象模拟系统

　　本书 4.1 节将 5 种不同形式的气象要素普适函数方案引入 WRF 模式，利用某年 2 月至 12 月的 GFS 数据对热带某海域蒸发波导展开数值预报，这一过程需要调用 WRF 的各个模块，而目前 WRF 模式一般工作在 Linux 环境下，操作指令较为复杂。为了简化 WRF 模式的使用，本书针对热带某海域蒸发波导数值预报设计了中尺度气象模拟系统，使用户能够在 windows 环境下通过网页可视化地调用 WRF 功能。

中尺度气象模拟系统是以 WRF 为核心的界面化软件，主要采用 JAVA 和数据库进行开发，系统前端框架采用 EasyUI。软件根据大气环境模拟的特点对 WRF 进行了封装，将 WRF 运行常用的参数和部分数据固化在系统内部，减少了 WRF 使用的复杂程度。软件耦合了数据同化系统 WRFDA、绘图系统 NCL 和数据转换程序构建了从数据获取到模拟、预报再到后处理的一整套方案。软件采用 B/S 架构，服务器端为 WRF 运行所需的 Linux 操作系统，客户端采用浏览器，并支持多客户进行操作。其主要功能模块如图 5.1 所示。

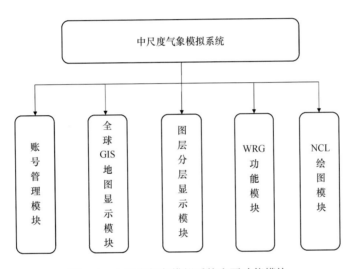

图 5.1　中尺度气象模拟系统主要功能模块

本章使用本系统调用 WRF 功能模块，对比第 3 章中现有最优的 WS2000 方案与第 4 章设计的两种新型普适函数方案的预报性能，创建项目及调用 WRF 功能的基本过程如下。

第一，用户管理。

系统管理员创建一般用户，一般用户具有账号名和密码，可使用系统中的所有数据来运行气象模拟，可使用添加按钮和删除按钮来添加或删除一个用户（删除用户并不删除用户在服务器上的数据）。

系统管理员登录系统（图 5.2），创建一个名为"LX"的用户用于本书的 WRF 模式预报实验（图 5.3）。

图 5.2 管理员登录界面

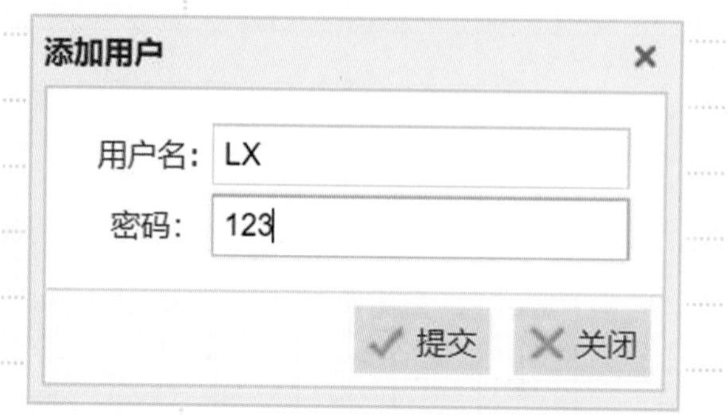

图 5.3 管理员创建新用户"LX"

　　第二，创建项目。创建名为"蒸发波导预报"的项目，如图 5.4 所示。

　　第三，设定网格。本系统设定 WRF 模式一次最多可设定 5 层模拟网格，网格设定东经和北纬为正值，西经和南纬为负值，网格的模拟范围可以在 GIS 显示。网格设定需要满足以下关系：

　　（1）相邻两层的网格间距满足 3∶1 的关系。

　　（2）子网格必须在父网格范围之内，子网格的网格起点一般大于 5。

　　（3）除了最外层网格外，网格的网格数必须满足（网格数−1）能被 3 整除。

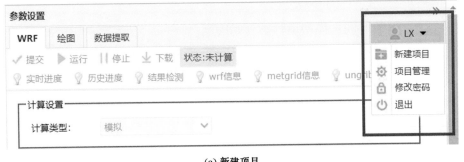

(a) 新建项目

(b) 输入项目名称

图 5.4   用户"LX"创建新项目

（4）最外层网格间距尽量能保持最里层的网格间距是 3 的倍数。

模型中投影为 Lambert 投影，用户只需设定 Lambert 投影的参数即可。设定完成后，点击提交，可以提交数据库保存，提交成功后，网格范围显示在 GIS 地图上。提交不成功，请用户检查网格及投影设定是否满足条件。

本书实验对热带某海域进行蒸发波导预报，区域范围为：粗网格的网格数为 x 方向 100 格，y 方向 110 格，网格距为 30 km；第二层 x 方向起点为粗网格 x 方向的第 21 个网格，共 163 格，y 方向起点为粗网格 y 方向第 15 个网格，共 241 格，网格距为 10 km。设置后系统左侧会显示设置的网格范围。

第四，时间及其他设定。

本系统可以满足对大气波导的模拟和预报。对于大气波导模拟的时间设置，主要包括以下参数：

（1）时间类型：系统一次运行 30 个小时，但只保存后 24 小时的结果。

（2）积分步长：模型运行的积分步长，单位为 s。最大值不能超过外

99

层网格步长（km）的6倍。

（3）开始时间：模型运行的开始时间。

（4）总运行长度：模型运行的时间长度，计量单位为日。

（5）数据同化参数：可以采用数据同化系统 WRFDA 进行数据同化，这样可以使结果更准确。数据同化层数设定同化哪几层网格，一般建议为两层。

（6）进程数：WRF 模型为多核计算程序，用户可以设定运行时开启 MPI 进程数，进程数不能超过服务器上的最大 CPU 核心数。

对于大气波导预报的时间设置，主要包括以下参数：

（1）开始时间：模型运行的开始时间，小时可以选择 00 时、06 时、12 时、18 时（UTC 时间），需要与当前下载的 GFS 数据的起始时间相同。

（2）总运行长度：模型运行的时间长度，最长可以预报 5 天。

（3）积分步长：模型运行的积分步长，单位为 s。最大值不能超过外层网格步长（km）的6倍。

（4）进程数：WRF 模型为多核计算程序，用户可以设定运行时开启 MPI 进程数，进程数不能超过服务器上的最大 CPU 核心数。

除时间设定外，还有对数据分辨率、输出数据覆盖方式及运行方式的设定。本节利用另外一年 1—5 月的 GFS 数据对热带某海域的蒸发波导进行数值预报，以另外一年 1 月 1 日 00 时的 0.5°×0.5°的 GFS 数据为第一次预报起点，一次预报 5 天，时间等设置如图 5.5 所示；再以 1 月 6 号 00 时的 GFS 数据为第二次预报起点，一次预报 5 天，依此类推，完成对另外一年 1—5 月每一天的蒸发波导数值预报。每次运行后 WRF 主程序输出 NETCDF 格式的 WRFOUT 文件，再由后处理模块中的普适函数方案读取预报的不同时次最低高度的气象要素数据，从而计算气象要素廓线，最终计算蒸发波导高度值，并输出为 dat 文件。

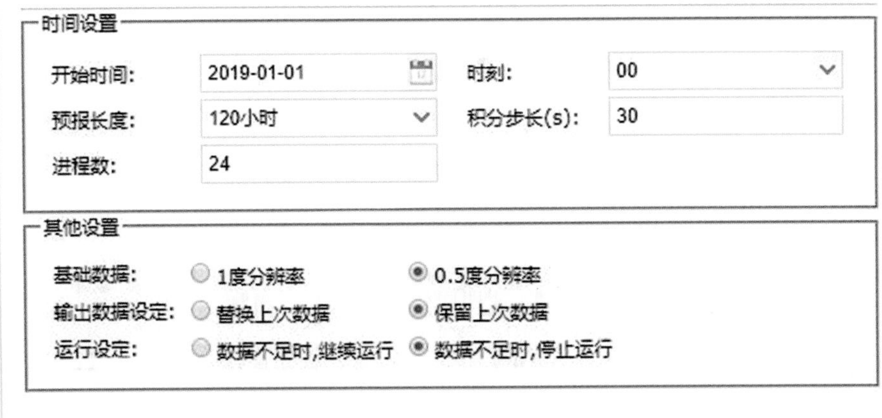

图 5.5 热带某海域蒸发波导预报的时间等设置

5.2 新型气象要素普适函数方案与 WS2000 方案的比较验证

目前获取到的最新热带某海域某气象梯度仪实测数据截止到另外一年5月，因此利用 5.1 节的中尺度气象模拟系统对热带某海域蒸发波导进行数值预报，分别计算出利用 WS2000 方案、"WS2000 改"方案及"MEA－WS2000 改"方案预报的另外一年 1—5 月波导的分布情况，然后与实测数据的计算值对比，分析三种方案的预报性能。

选取另外一年 1—5 月热带某海域某气象梯度仪每日 0 时、06 时、12 时、18 时（UTC 时间）的实测数据，数据筛选方法与 3.4.1 节一致，其中发生蒸发波导且满足数据要求的分别有 107 组、91 组、103 组、87 组和 93 组；根据 3.2 节结论选取实测 M 廓线计算方案求解实测数据的 EDH 值；再将 WS2000 方案、"WS2000 改"方案和"MEA－WS2000 改"方案分别引入 WRF 模式，利用另外一年 1—5 月的 GFS 数据预报热带某海域蒸发波导从而计算 EDH 预报值，并与实测结果进行对比，从而比较三种方案预报的准确性。

（1）另外一年1月方案预报准确性对比结果

图5.6为三种方案的*EDH*预报值与实测数据*EDH*计算值的误差图，"MEA-WS2000改"方案的*EDH*预报值与实测数据计算值最为接近，其次为"WS2000改"方案，差异最大的是WS2000方案。

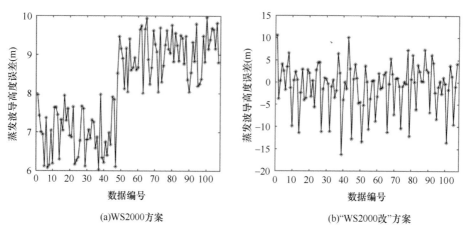

(a)WS2000方案   (b)"WS2000改"方案

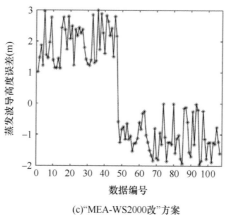

(c)"MEA-WS2000改"方案

图5.6 另外一年1月三方案*EDH*时平均预报值与
实测*EDH*时平均计算值对比

（2）另外一年 2 月方案预报准确性对比结果

图 5.7 为三种方案的 *EDH* 预报值与实测数据 *EDH* 计算值的误差图，图上直观显示"MEA-WS2000 改"方案的 *EDH* 预报值与实测数据计算值差异最小，其次为"WS2000 改"方案，WS2000 方案前 50 组数据准确率较高，但后 41 组数据差异较大。

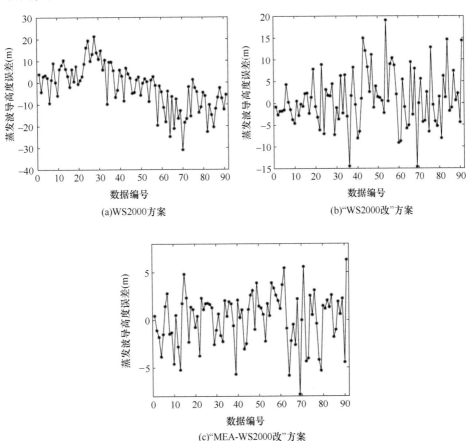

(a)WS2000方案

(b)"WS2000改"方案

(c)"MEA-WS2000改"方案

图 5.7 另外一年 2 月三方案 *EDH* 时平均预报值与
实测 *EDH* 时平均计算值对比

（3）另外一年3月方案预报准确性对比结果

图5.8为三种方案的 *EDH* 预报值与实测数据 *EDH* 计算值的误差图，两种新型普适函数方案的 *EDH* 预报值与实测数据计算值差异较小，而WS2000方案差异较大，部分数据误差超过10 m。

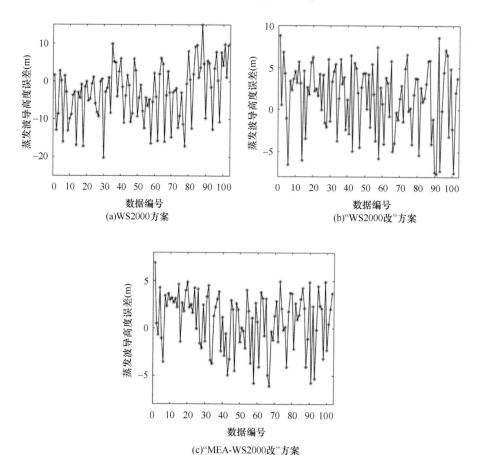

(a)WS2000方案

(b)"WS2000改"方案

(c)"MEA-WS2000改"方案

图5.8 另外一年3月三方案 *EDH* 时平均预报值与
实测 *EDH* 时平均计算值对比

（4）另外一年4月方案预报准确性对比结果

图5.9为三种方案的 *EDH* 预报值与实测数据 *EDH* 计算值的误差图，其中 *EDH* 预报值与实测数据计算值差异最小的是"MEA-WS2000改"方案，而WS2000方案和"WS2000改"方案的误差变化较大。

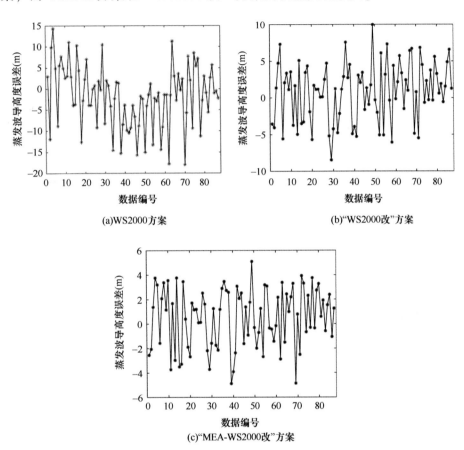

(a)WS2000方案

(b)"WS2000改"方案

(c)"MEA-WS2000改"方案

图5.9　另外一年4月三方案 *EDH* 时平均预报值与
实测 *EDH* 时平均计算值对比

（5）另外一年 5 月方案预报准确性对比结果

图 5.10 为三种方案的 *EDH* 预报值与实测数据 *EDH* 计算值的误差图，"MEA-WS2000 改"方案的 *EDH* 预报值与实测数据计算值差异最小，其次是"WS2000 改"方案，而 WS2000 方案前 40 组数据的差异较小，后 53 组数据差异较大。

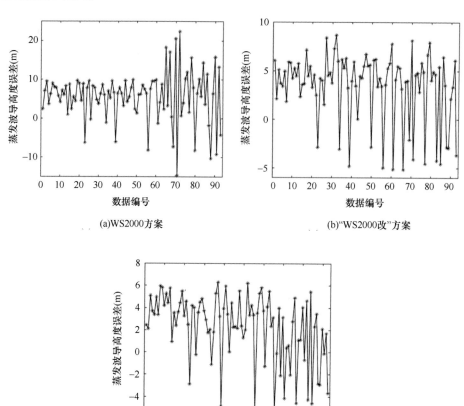

(a)WS2000方案   (b)"WS2000改"方案

(c)"MEA-WS2000改"方案

图 5.10 另外一年 5 月三方案 *EDH* 时平均预报值与
实测 *EDH* 时平均计算值对比

另外一年 1—5 月三种方案 *EDH* 预报值月平均误差及均方根误差如表 5.1 所示，由表中数据可知，另外一年 3 月 *ME* 绝对值和 *RMSE* 最小的是"WS2000 改"方案，其余四个月均为"MEA-WS2000 改"方案。再计算 5

个月的误差平均值可得，相较 WS2000 方案，"WS2000 改"方案的 ME 下降了 28.38%，$RMSE$ 下降了 43.79%；"MEA-WS2000 改"方案的 ME 下降了 33.47%，$RMSE$ 下降了 64.83%。因此"MEA-WS2000 改"方案的性能最佳，本书选定此方案为新型气象要素普适函数方案，引入 WRF 模式对热带某海域蒸发波导进行数值预报。

表 5.1 另外一年 1—5 月三种方案 EDH 预报值月平均误差及均方根误差（单位：m）

		1 月	2 月	3 月	4 月	5 月	平均值
WS2000 方案	ME	8.11	-2.08	-2.89	-1.81	5.47	1.36
	$RMSE$	8.2	10.39	7.94	7.45	8.49	8.49
"WS2000 改"方案	ME	-1.06	0.9	0.81	0.85	3.37	0.98
	$RMSE$	5.44	6.38	3.13	4.04	4.89	4.78
"MEA-WS2000 改"方案	ME	0.24	0.12	1.39	0.51	2.26	0.91
	$RMSE$	1.65	2.78	4.29	2.47	3.75	2.99

注：底纹标记表项代表该月最佳方案。